跨越时空
中国古代建筑艺术赏析

黄海波 著

安徽美术出版社
全国百佳图书出版单位

图书在版编目（CIP）数据

跨越时空：中国古代建筑艺术赏析 / 黄海波著 . — 合肥：
安徽美术出版社，2022.12
ISBN 978-7-5398-9459-1

Ⅰ . ①跨… Ⅱ . ①黄… Ⅲ . ①古建筑—建筑艺术—鉴
赏—中国 Ⅳ . ① TU-092.2

中国版本图书馆 CIP 数据核字（2022）第 186896 号

跨越时空：中国古代建筑艺术赏析

KUAYUE SHIKONG ZHONGGUO GUDAI JIANZHU YISHU SHANGXI

黄海波　著

出 版 人：王训海	责任编辑：史春霖
责任印制：欧阳卫东	责任校对：司开江

出版发行：安徽美术出版社
地　　址：合肥市翡翠路 1118 号出版传媒广场 14 层
邮　　编：230071
营 销 部：0551-63533604　　0551-63533607
印　　制：北京亚吉飞数码科技有限公司
开　　本：710 mm×1000 mm　1/16
印　　张：16
版(印)次：2022 年 12 月第 1 版　　2022 年 12 月第 1 次印刷
书　　号：ISBN 978-7-5398-9459-1
定　　价：86.00 元

如发现印装质量问题影响阅读，请与我社营销部联系调换。

前言

　　中国古代建筑历史悠久，成就辉煌，不仅承载了古人的建筑巧思，更蕴含了丰富的文化内涵。

　　中国古代建筑不仅是中国建筑的重要组成部分，而且以高超的建筑艺术造诣和独特的民族建筑风格享誉世界，也是世界建筑文化不可或缺的重要组成部分，是人类建筑艺术的瑰宝。

　　本书在探寻中国古代建筑的起源，阐述古人建筑观念与建筑审美的基础上，带你领略中国古代建筑的艺术风采。

　　城防建筑，气势如虹，在悠久的历史岁月中傲然屹立边关、守护家园；宫殿建筑，宏伟壮观，是建筑艺术和社会文化的集大成者；坛庙建筑，荟萃建筑艺术特色与传统文化思想；陵墓建筑，体现了中国传统建筑美学与环境艺术特点；寺观建筑，设计严谨，影响深远；石窟建筑，气势宏大，外观庄严；巍巍古塔，高高耸立，守望世间沧桑；怡人园林，一步一景，宛自天开；特色民居，因地制宜，彰显建筑特色与生活智慧；独具魅力的古桥，工艺精湛，造型优美，各有千秋。

　　全书逻辑清晰，结构完整，内容丰富，以清新明丽的文字和丰富精美的图片展示中国古代建筑艺术之美。阅读本书，我们仿佛置身于不同风格的古代建筑景观之中，真切感受中国古代建筑的设计之精妙、布局之严谨、工艺之精湛。

中国古代建筑虽为人造，却宛若天成。赏析中国古代建筑，能让我们领悟古人建筑智慧，提高建筑艺术审美能力。

2022 年 4 月

目　录

第一章 中国古代建筑与文化艺术：历史的积淀

"五步一楼，十步一阁；廊腰缦回，檐牙高啄。"中国古代建筑有着实用的居住功能，同时也具有极高的审美价值。

中国古代建筑的美内涵丰富、独具匠心、多姿多彩。在庞大的中国古代建筑体系中，既有气势宏伟的楼阁，又有小巧别致的园林。我们从中既能感受到青砖红瓦的视觉冲击，亦有一步一景的别致意境体验。或远观，或近瞻，或细看，都让人不禁为古人丰富的建筑智慧和生活智慧而赞叹。

漫话古代建筑

从择穴而居到作庙翼翼

原始人类在还没有学会建造房屋之前，在山洞里生活，他们成群而居，相互照顾，共同躲避风雨和野兽的侵害。

后来，原始先民们学会了制造和使用工具。他们用石器开凿洞穴，用石块堆砌和建造房屋，开始使用经粗糙加工的木材来搭建房屋。

"以洞为房""构木为巢"，这便是人类最原始的居住状态。

在约6000年前，黄河流域已经出现原始人类的村落。黄河流域半坡遗址（位于今陕西西安）中的房屋有半地穴式房屋和地面房屋，形状有方有圆。房屋的墙壁使用草泥夹木柱或木板筑造，房顶使用木柱支撑并架木椽，用草泥填补缝隙。

夏商周时期，开始出现规模较大的高大房屋，房屋兼具宜居性和美观性。

《诗经》记载："民之初生，自土沮漆。古公亶父，陶复陶穴，未有家室……乃召司空，乃召司徒，俾立室家。其绳则直，缩版以载，作庙翼翼。"意思是说，周人最初在沮水和漆水旁群居，后挖窖、开窑，这时候还没有房屋、厅堂；后来，房屋建造成为一项多人合作的大工程，司空定工程，司徒定力役，房、屋、宫、厅、室的建造讲究拉准绳、打木夯，庙宇房顶舒展如鸟翼。

建筑功能逐渐由单纯的居住向"居住＋美观"转变，南北建筑的不同风格在数千年前就逐渐明朗。

建筑风格的不同与我国南北方气候的不同有着很大的关系。北方干旱，冬季寒冷，房屋贴地或入地（半地面窑洞）能够保持冬暖夏凉；南方气候湿润，多雨，多蚊虫，房屋不宜贴地而建。在河姆渡遗址（位于今浙

中国古建筑的飞檐与脊兽

江余姚）中发现不少干栏式建筑，这种建筑由原始巢居发展而来，分上下
两层，上层住人，下层饲养牲畜。

建筑，不仅仅是建筑

在我国古代，建筑从来都不仅仅是"用于居住的房屋"，在"房屋"
之外，情感细腻、重视文化的中国人民赋予了建筑更多的情感和文化
意义。

中国建筑伴随着中国早期人类的产生而产生，伴随社会的发展而发
展，因此不可避免地会带有中国文化色彩、地域特征，具有历史性与民
族性。

中国古建筑讲究建筑与人、自然的和谐统一。《尚书·召诰》中记载：
"成王在丰，欲宅洛邑，使召公先相宅。"可见，早在先秦时期，就有了
依自然地理相宅的习俗。古代中国北方房屋多坐北朝南，会设耳房、庭
院，这能让房屋在没有灯光照明的情况下最大限度地获得自然光，并通过
庭院的设计让房屋有冬暖夏凉的效果。

中国古建筑本身还承载了重要的礼制文化，《礼记》中记载："君子将
营宫室，宗庙为先，厩库次之，居室为后。"不同功能的建筑，礼制等级
不同。此外，不同身份、地位的人，所拥有的建筑也存在规模和形制的差
异，如房屋高度、府邸大小，甚至是屋前台阶数量都有严格的规定，地位
低者不得在建筑形制上僭越地位高者。

故宫角楼风光

中国古代的建筑观念

梁思成先生曾表达过这样的观点：一个民族由古至今的建筑的形制、规模、建造工程乃至风格的嬗变都与该民族文化的兴衰更迭息息相关，是民族特殊文化兴衰潮汐之映影。比如，中国古代的建筑活动就与传统文化中"天人合一""以中为贵""居高望远"等思想、观念紧密相连。

"天人合一"的建筑观

《庄子·齐物论》中说："天地与我并生，而万物与我为一。"《老子章句》中也强调过类似观点："天道与人道同，天人相通，精气相贯。"

"天人合一"是中国古代哲人和文人们毕生追求的境界，而这一思想也指引着古人社会生活的方方面面，乃至潜移默化地影响了古人的建筑观。

首先，在传统宫殿建筑中，"天人合一"的思想被展现得淋漓尽致。中国古代宫殿建筑大多采用木质结构，布局和谐对称，处处都反映出古人对"天""宇宙"的敬仰与向往。木头来自森林，带着清新自由的气息，喻示着生命的蓬勃向荣。采用木质结构建筑宫殿，与古人对天地自然的热爱、尊崇相契合。

其次，不同时期、不同区域的民居从布局到具体的构造设计都体现出明显的"天人合一"的思想。中国人建造房屋大多因地制宜，追求建筑的外形、功能与地方的风土人情完美融合，实现自然环境和民居环境的和谐统一。比如西北的窑洞、福建的土楼等，这些民居设计都取决于当地的自然环境和民风民俗，展现了一种独特的艺术美感。

清代天坛与地坛的"天圆地方"格局，江南园林中有山有水、回廊曲折的设计，都表达了古人对天地自然的敬畏之心。

"以中为贵"的建筑观

《荀子·大略篇》中有这样一句话："王者必居天下之中。"其强调的是古人的尚中思想，即对持中守正的追求。这种观念投射于建筑领域就是"以中为贵"，由此产生了我国独有的传统建筑布局。

以大唐的长安城为例，其整体布局、规划无比契合"以中为贵"的思想，主干道朱雀大街位于长安城东西居中位置，将长安城一分为二，而城内的108坊沿着中轴线对称分布，井然有序。里坊的设计也严格契合居中思想。

"以中为贵"的传统观念不仅体现在建筑的形制、构造上，还体现在古代建筑的选址上。

《吕氏春秋》中就有这样一句话："择天下之中而立国，择国中之中而立宫。"这也成为古代都城择址、建筑格局规划的原则之一。

洛阳定鼎门（复原）

　　值得一提的是，唐代东都洛阳城南的定鼎门的形制规格也极其符合居中思想，是当时洛阳城中轴线上的标志性建筑。

传统等级观与"居高望远"

中国古代有着严格的等级制度，这种等级制度融入古人的日常生活中，体现在建筑上，便产生了"居高望远"的建筑理念。

在古代，无论是皇室居住的宫殿还是高官、贵族居住的府邸，一般都会选在地形较高的地方建造。这反映了上位者居高临下、大权在握的身份和举足轻重的地位。

每座都城或宫殿建筑群中最高的建筑物一般是皇权的象征，是统治者"高高在上"的等级观念在建筑中的反映。比如明清两代北京城内最高的建筑太和殿，是用来举行大典的地方，堪称故宫级别最高、最受瞩目的宫殿。

此外，古代帝王的陵墓大多建在地势较高之地，这也是"居高望远"思想的体现。

中国古代的
审美与建筑

　　从巧夺天工的园林建筑到气势雄伟的边防建筑，从巍峨辉煌的皇室宫殿到居住功能强大的民间住宅，中国传统建筑无论是整体的布局、形制还是细节处的设计、构思，都反映了中国古人的处世态度和审美习惯。

　　古人将骨子里的风雅和对美的特殊追求融入宫殿庙宇、园林塔桥等建筑的筑造过程中，赋予了中国传统建筑独有的魅力。

美在大壮，非壮丽无以重威

　　"大壮"一词出自《易经》卦象。《易经·系辞下》中记载："上古穴居而野处，后世圣人易之以宫室，上栋下宇，以待风雨，盖取诸大壮。"意思是说，古人用"上栋下宇"的建筑形式去取代"穴居野处"，与"大壮"这一卦象息息相关。后"大壮"一词渐渐成为威严、壮大、绚丽、恢宏的代名词，并成为古代宫殿的建筑标准和审美标准之一。[①]

从秦朝的咸阳宫到明清的紫禁城，不同朝代所建造的宫殿有着各自的鲜明特点，也都尽可能地表现壮丽、宏伟，只因"非壮丽无以重威"，这也是"大壮"这一古代美学思想的体现。

美在适度，严谨精妙，过犹不及

《论语》中说："乐而不淫，哀而不伤。"这引出了古人的另一种审美观念——适度美。

《国语·楚语》中，伍举就"美"展开了一段论述。在他看来，宫室台榭不必建筑得过于高大、华丽，"适形""适度"才是美。

在建筑领域，"适度美"表现为一种审美分寸和审美尺度。正所谓"过犹不及"，过多的华丽元素的堆砌、过于繁复的设计反而会让人产生一种视觉累赘感，带来审美疲劳。有时候，布局虽简单，但足够严谨、精妙，再加上一两笔看似随意却又别有妙趣的细节设计，足以让单体建筑或建筑群美得熠熠生辉。

值得注意的是，"大壮"和"适度"并不矛盾，反而是美的一体两面。在以"适度美"占主导地位的建筑形制中，总是不乏"大壮美"的痕迹；而在以"大壮美"占主导地位的建筑形制中，也藏着一种分寸和约束。

---

① 刘忠红."大壮"与"适形"的和谐：中国古代宫殿建筑的审美追求 [J]. 郑州大学学报（哲学社会科学版），2005（5）：174.

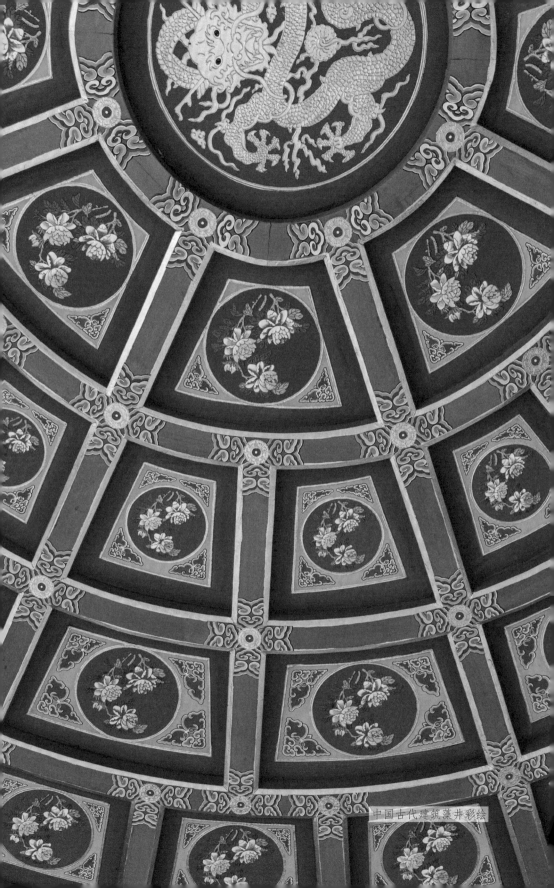
中国古代建筑藻井彩绘

美在和谐，虽由人作，宛自天成

《左传·昭公二十年》中曾记载了齐相晏婴关于"以和为美"的言论和思想。在晏婴看来，在对立、矛盾的诸多因素之间，往往存在着微妙的联系，唯有追求各因素的和谐统一，才能生成一种独特的美感。

古人讲究顺应四时变化，将人力与自然各因素完美融合，这一点在宫殿、民居、陵墓、园林、庙宇等建筑的建造过程中都有体现。例如，在园林设计中，古人会借时、借势造景，各种景观也会随着人的脚步移动和视线变化产生变化，带来的是一种和谐的视觉观感，仿佛眼前这些景色并非人造，而是大自然的一部分。这便是所谓的"虽由人作，宛自天开"。

美在内蕴，凝聚智慧，传达思想

孟子的美学观点在于"充实"。他强调"充实之谓美"，认为人的美不在于外在，而在于其内蕴的深厚、人格的强大充实，将内蕴注于外形，能成为一个完美的人。这也是传统儒家思想的反映。

儒家思想对中国古建筑的影响是无比深刻的，在儒家思想的指引下，古建筑的建造者和设计者不只精心雕琢建筑的外在形式，亦十分重视展现建筑的内蕴之美。

以传统建筑的室内设计来说，其中处处可见文人的审美。比如，中国文人认为居住环境会影响一个人的心智和修养，所以大多会精心布置自己的居所，使其符合自己的审美观念和人生理想。文人雅士们的书房里更是从不缺笔墨纸砚、琴棋书画，书房香炉里飘出的袅袅轻烟和清越的古琴声将文人们内在的高洁与优雅衬托得淋漓尽致。

再来说说古代寺观、古塔的设计。湖北武当山太和宫、西藏日喀则萨迦南寺、西安大雁塔、苏州虎丘云岩寺塔等无不美得赏心悦目，你若仔细欣赏与揣摩，会发现在这些古建筑的表象之美背后有着深刻厚重的文化内涵，其细节处都凝结着无声的建筑语言，将当地的文化、习俗，以及人们的宗教信仰逐一呈现在世人面前，令人流连忘返。

第二章

城防建筑：
气势雄伟，万夫莫开

"筑城以卫君，造郭以守民"，城防建筑就是用来抵御外来侵略的建筑设施。一般城防建筑都有完备的军事防御体系，规模宏大，功能多样，且坚实牢固。

　　我国城防建筑历史久远，早在先秦时期就已经有较为完备的城防建筑了，长城更是城防建筑的典范。几千年的时间里，城防建筑不断发展，变得愈加完善。

山海关

万里长城第一关

山海关位于河北省秦皇岛市，北倚燕山，南临渤海，自古以来就是军事战略要地。隋朝初期，朝廷曾在这一带设立榆关，因而山海关也称榆关。

明朝成立初期，北方游牧民族不断侵扰边境，为了保障边防安全，明朝开始加固长城。山海关是明长城东端的起点，因其依山傍海，所以叫作山海关。

山海关地处辽西走廊，是清军入关的必经之地。明朝为抵御清军入侵，修建了关宁锦防线，山海关是防线的最后一道关卡。清军曾多次对山海关发起进攻，都无功而返，这得益于山海关强大的军事防御体系。

山海关距离明朝都城北京大约 280 千米，是保卫京师的重要屏障。明宣宗朱瞻基曾在山海关设立兵部分司署，这也是当时明朝兵部唯一一个分设机构，可见统治者对山海关的重视。

明朝文人将山海关誉为"天下第一关"，并为其制作了巨型牌匾，挂于山海关东城门之上。

1961年，山海关被列入第一批全国重点文物保护单位名录。1987年，包括山海关在内的长城被列入世界文化遗产名录。

如今的山海关作为国家AAAAA级旅游景区，成为人们休闲游玩的好去处。人们在这里旅游既能够放松身心，又能够学习历史知识，增进对我国城防建筑的了解。

"天下第一关"——山海关

登高纵目俯沧海

山海关虽名为关，实际是一座城，整座城与长城相连，以城为关。

山海关关城于 1381 年开始修建，呈不规则的梯形。城垣周长约 4 千米，由高 14 米、厚 7 米的城墙围成。火炮置于城墙之上，居高临下，便于攻击敌人。城墙的东南、东北角建有角台，角台上建有角楼。在关城的东南、西北、西南角各建有水门，墙外有护城河环卫，关城之外还设有敌台、城台、烽火台等防御工事。

山海关关城有四个城门，东门镇东，西门迎恩，南门望洋，北门威远。城中建有钟鼓楼，城内街巷呈棋盘式布局。以关城为核心，四座城门外部都设有瓮城，东西有罗城，南北有翼城，从而形成了前拱后卫的防御格局，显示出中国古代严密的城防建筑风格。

关城城南的渤海海滨上矗立着山海关最东边的关口——老龙头，这也是明长城中唯一一个与海相接的关口。明朝时曾有敌军在冬季枯水期从海边潜入山海关内，为了防止这样的情况发生，时任蓟镇总兵的戚继光组织修建了老龙头入海石城。

入海石城由巨石筑造而成，巨石坚固异常，可以抵御海浪冲击，使石城在海中屹立百年而不毁。

城墙上建有澄海楼，楼高约 10 米，站在楼上远眺，山海关沿岸动态尽收眼底。

山海关澄海楼

居庸关

居庸关位于北京市昌平区，地处峡谷之中，周围高山耸立，层峦叠嶂。这条峡谷也因居庸关而得名"关沟"，居庸关就在关沟的中部。居庸关东西两侧为翠屏山和金柜山，向北是南口，以南是八达岭长城。

春秋时期，居庸关在燕国境内，燕国利用此处险峻的地势设置了"居庸塞"。汉朝时居庸关关城已颇具规模。到唐朝时，居庸关也被称为蓟门关、军都关。现存的居庸关建于明朝初年，与紫荆关、倒马关、固关合称明朝京西四大名关。

居庸关关城周长约4千米，南北筑有瓮城，关城内外还有衙署、庙宇等建筑。一条水道自南向北贯穿关城，在水道与长城的交叉处有一双孔圆拱水门，水门上设有水闸，以此控制水量。

居庸关位于山谷之中，盛夏时，周围草木茂盛，郁郁葱葱，乾隆来此时亲题了"居庸叠翠"四字。

居庸关关城中有敌楼、烽燧等防御建筑，关城南北各有城楼一座，都

居庸关

是三重檐歇山式绿瓦剪边建筑。站在城楼上可以一览周围美景，更便于观察敌情，城台下有券门通往瓮城。

居庸关南瓮城呈马蹄形，城墙上建有城楼，瓮城西侧有通往关城的大道。弧形城台上可设置炮台，外城墙有垛口，便于射击敌人。北瓮城呈长方形，功能与南瓮城基本一致。

居庸关关城中有一座汉白玉砌成的云台，建于元代至正年间，云台高约9米，上小下大，呈梯形。云台中央有一门道可通行，台顶四周则环绕着石栏杆、望柱、滴水龙头等建筑。云台券门两侧的石壁上刻着四大天王像，石像周围是用汉、藏、梵等多种文字篆刻的佛经。在云台券洞顶部还刻着很多小佛像，佛像空隙处有花草图案作装饰。云台中雕刻虽多却不显凌乱，反而有庄重华贵的美感。云台上曾建有喇嘛庙，在明初被毁。

云台作为中国的重要文物，具有极高的历史价值。

居庸关南瓮城冬季景色

娘子关

娘子关位于山西阳泉市平定县东北的绵山山麓，山西和河北的交界处，扼太行山井陉西口，是晋冀的咽喉要地，有"万里长城第九关"之称。

早在战国时期，中山国曾在娘子关一带建立关口。隋朝时在娘子关设苇泽县，娘子关也被称作苇泽关。相传，唐朝的平阳公主曾驻军于此并创建关城，因为平阳公主率领的军队名为娘子军，所以此关被称为娘子关。

娘子关现存关城建于明嘉靖年间。关城建于山间，地势险要，城西有桃河环绕，成为娘子关的天然屏障。

娘子关建有关门两座（即东关门和南关门）和一段曲折坚固的城墙，东关门为一般砖券城门，城门上挂有匾额，额题为"直隶娘子关"。东门上建有平台城堡，既能检阅兵士，又能侦察敌情。

南关门为石灰岩砌券城门，也是娘子关的主体建筑之一。门洞上挂有匾额，额题为"京畿藩屏"四字，正梁上悬挂"天下第九关"匾额。南关门高耸雄伟，异常坚固。

城楼上建有宿将楼，相传为平阳公主与将士商讨御敌之策的地方。原为砖木结构的硬山顶建筑，1986 年在修复时改为重檐歇山顶建筑。宿将楼外的柱子上刻有两副楹联："雄关百二谁为最，要路三千此并名""楼头古戍楼边塞，城外青山城下河"。

宿将楼北边有一座关帝庙，院落虽然不大，但结构完整。北面为上殿，殿中有关羽泥塑像。正对主殿的是一座戏台，东西侧为配殿，在东侧配殿旁有一座钟亭。

哪怕经过千年岁月侵蚀，娘子关关城的建筑依然保持着原貌，令人啧啧称奇。

娘子关

嘉峪关

嘉峪关位于甘肃省嘉峪关市，是明长城最西端的关口。嘉峪关和山海关、镇北台一起，合称中国长城三大奇观。

嘉峪关以南是祁连山，以北是黑山，嘉峪关位于两山之间的狭窄地带。嘉峪关长城向北连着黑山，向南连着讨赖河边的天下第一墩，将黑山与讨赖河之间的狭窄通道牢牢封锁。因此，嘉峪关也被称为"河西咽喉""河西第一关隘"。

明洪武五年，即1372年，始建嘉峪关。嘉峪关全长约60千米，由内城、外城、罗城和瓮城等建筑构成，结构完整、功能齐全，是一座军事防御体系完备的城防建筑。

在嘉峪关关城以北8千米处有一条"悬壁长城"。明嘉靖十八年（1539年），为了封锁石关峡口，加强嘉峪关的防御能力，肃州兵备道李涵在石关峡口北侧的黑山山坡上组织修建了一条长约15千米的片石夹土墙。因为山势陡峭，远远望去，土墙好像凌空倒挂，人们将其称为"悬壁

嘉峪关古城

长城"。

嘉峪关的瓮城设计得非常巧妙，瓮城的城门与内城城门形成了一个90度的夹角。敌军攻破瓮城后，想要进入内城就需要调转方向，这时守军乘其不备，在墙头放箭，便可击退敌军。

嘉峪关关城中有光化楼、柔远楼、嘉峪关楼三座主楼，三座主楼的楼顶设计是重檐歇山顶，屋角上翘，可以避免雨水冲毁台基。除此之外，关城内还有文昌阁、戏台、关帝庙等建筑。

清乾隆年间曾重修嘉峪关，因而如今的嘉峪关带有清朝建筑的特点，斗拱飞檐，红漆明柱，彰显出了乾隆盛世的繁荣。

清朝重修嘉峪关时在光化楼、柔远楼、嘉峪关楼等主要建筑上都绘制了墨线小点金旋子彩画，在敌楼、箭楼上则绘制了雅伍墨彩画，彩画使嘉峪关关城看起来更加恢宏瑰丽。

西安古城

西安古城墙是中国古城池建筑中城防建筑的典范，城墙及城墙上的防御工事共同构成了完整的城防体系。

西安古城位于渭河流域中部的关中盆地，南临秦岭，北临渭河，地理位置优越，自古以来便是兵家必争之地，因此城防建设也一直是西安古城建设的重中之重。

西安古称"长安"，明洪武二年（1369年），朝廷设西安府，自此便有了"西安"一说。西安古城建于明朝初年，是在唐朝长安城和元朝奉元城的基础上建立的。

西安古城墙防御建筑体系由城墙、敌台、敌楼、角台、角楼、城壕等建筑构成，是我国现存最完整的、规模最大的古城垣建筑。

古城墙是西安古城防御建筑的主体。明洪武三年（1370年），为了提高西安古城的防御能力，朝廷对古城进行了扩建。扩建后的城墙呈长方形，周长约为13787米，墙高约12米。古城墙虽为夯土结构，但坚固异常。

　　古城墙上设有完善的军事防御体系。城墙四角建有角台，角台上建有角楼。站在角楼上，可将古城风貌尽收眼底，在战争时期，角楼是辅助作战的重要建筑。

　　城墙上每隔百米便设有一敌台，敌台上设有敌楼 98 座。敌台之间距离的一半恰好在弓箭的射程之内，便于从侧面射击敌人。外侧城墙上建有垛口，可以通过垛口射击或观察敌人动态。

　　在城墙顶部，每隔 50 米左右都设有一道由青砖砌成的水槽，专门用于排水。水槽的设置减轻了雨水对城墙的侵蚀，延长了城墙的使用寿命。

　　城墙四周有护城河环绕。护城河水面宽约 23 米，深 18 米，正对城门处有可以自由起落的吊桥，一旦吊桥升起，进城的路就被封锁了。护城河外建有郭城，郭城也是主城的第一道防线。

　　西安古城有四座城门，西门为安定门，北门为安远门，东门为长乐

西安钟鼓楼

门，南门为永宁门。西安古城的城门除门扇是木质材料外，其余均由城砖砌成。城门洞分为内外两段，面向城里的门洞大而宽广，面向城外的门洞则小而低矮。这样设计有利于城门的防守，守军可在内城门处大量屯兵，敌军则会受到低矮城门的限制，难以快速攻入城中。

四座城门处都设有正楼、闸楼和箭楼。正楼一般是指挥官进行指挥、制订作战计划的地方，相当于现在的办公楼。闸楼在最外侧，用于升降吊桥。箭楼则主要用于射击，箭楼的外壁厚达 2 米，有箭窗 66 孔，一旦有敌人入侵，则万箭齐发，阻挡敌军前行。

箭楼与正楼之间有围墙连接，连接处建有用于屯兵的瓮城。瓮城中有一条马道，可通向城门。马道宽约 6 米，外侧有护墙。马道下端道口设有门栅，驻兵防守。

钟鼓楼位于西安古城的中心，是典型的明朝建筑。钟鼓楼分为钟楼和鼓楼。钟楼是一座重檐三滴水式、四角攒尖顶的阁楼式建筑。钟楼下有基座，基座是用青砖和白灰砌成的。钟楼上悬有一口大钟，古时用于发送警报信息。基座下有十字形券洞，券洞与城门相通。

鼓楼为歇山式重檐三滴水式建筑，与钟楼一样建于基座上，下有券洞。鼓楼的外檐和平座上饰有青绿彩绘斗拱，使整栋楼看起来更加层次分明。

明清历代君主都很重视西安古城的修缮工作，西安古城的防御设施也愈发完备，为我国许多其他古城城防建筑提供了可参考的经验。

平遥古城

平遥古城墙是山西省现存规模最大的古城墙防御建筑，其始建于西周时期，后被多次修葺，防御功能强大。

平遥古城位于山西省晋中市平遥县，总占地面积约 2.25 平方千米。古城平面似龟状，因而也被称作"龟城"。南门是龟头，北门是龟尾，东西四座城门像是乌龟的四条腿，城内的街巷就像是乌龟壳上的花纹。平遥古城城内有四大街、八小街以及七十二条蚰蜒巷。街道纵横交错，井然有序。南大街为古城的中轴线，贯穿南北。明清时期，南大街商贸繁荣，店铺林立。

为提高城防功能，明朝初期，朝廷对平遥古城的古城墙进行了改建，原夯土城墙改建为砖石城墙，并设 6 座城门，现存城门为 3 座。清康熙年间，在原有的基础上建了四座城楼，由此城墙的防御功能更加完备。

平遥古城墙总长约 6000 米，高约 12 米。城墙呈方形，东、西、北三面皆以直线围合，只有南墙蜿蜒曲折。四角建有角楼，便于观察古城内

平遥古城南门城楼

平遥古城角楼

外情况。城墙内墙有砖砌排水槽 77 个，墙顶外设 3000 个垛口，有敌楼 72 座。

除了城墙城防，垛口与敌楼建筑进一步增强了平遥古城的防御功能。在射击敌人时，可利用城墙上的垛口做掩护。城墙边角的敌楼，在平时可作为遮风避雨的场所，为守军提供休憩之地；在有战事发生时，可用于侦察敌情、指挥作战、传达命令。

平遥古城墙拥有完善的防御体系，且规模宏大。从初建时的夯土城墙到砖石城墙，从简易的防御建筑到不断完善的防御体系，平遥古城墙历经沧桑，至今仍保留完整，是研究明清时期城防建设的重要实物。

第三章

宫殿：

金玉交辉，宏伟壮观

中国古代宫殿建筑犹如凝固的壮美乐章，展现着古人深厚的思想内涵和远大的艺术追求，并因此蜚声中华、享誉世界。

其中最为突出的代表有金玉交辉的北京故宫、沈阳故宫和神秘巍峨的西藏布达拉宫，这三处建筑群无不规模宏大、布局合理、疏密有致，处处彰显着独到精湛的建筑工艺与高尚风雅的文化艺术的融合。在其独特魅力的召唤下，人们蜂拥而至，用心感受这些古老建筑背后悠久的历史和文化。

北京故宫

北京故宫，又名紫禁城，由明朝永乐皇帝下令修建。如今，北京故宫古建筑群历经六百年沧桑巨变仍巍然屹立、壮丽如初。

作为世界五大宫殿之首，北京故宫的建筑规模之大、等级之高、保存之完好令世人惊叹。同时，北京故宫的严谨布局、配色美学和科学抗震等设计也将中国传统建筑艺术的营造之精妙、内蕴之深厚体现得淋漓尽致。

左祖右社，前朝后寝

北京故宫始建于1406年，不仅是中国古代木质结构宫殿群的杰出代表，在世界建筑史上也有着独一无二的地位。故宫坐北朝南，建筑面积将近15万平方米，现存大小宫殿70多座，房屋9000余间，后人一般用

中轴对称的北京故宫

"左祖右社，前朝后寝"来概括北京故宫的整体建筑布局。

所谓"左祖右社"，出自《周礼·考工记》，上面记载了建造国都的方法。当你步入北京故宫后，位于你左方的是奉先殿，为帝王祭祀先祖之地；位于你右方的是养心殿，它是雍正、乾隆等皇帝休息、办公之地。

所谓"前朝后寝"，指的是北京故宫的内部格局。"前朝"指的是明清皇帝每日上朝、处理政务或举行重大典礼的地方，"后寝"指的是帝王与妃嫔日常居住之地。前朝与后寝之间隔着一条清晰的分界线——乾清门（故宫内廷的正宫门）。前朝的太和殿、中和殿、保和殿被称为前三殿，其中以太和殿体量最大，最为恢宏壮丽。

后寝则由三宫六院构成，三宫指的是乾清宫、交泰殿和坤宁宫。乾清宫是皇帝居住的地方，威严华丽，是内廷之中等级最高的建筑。坤宁宫之后为御花园。而六院则均匀分布于三宫两旁。

北京故宫建筑群的布局特点是中轴对称，层次分明。由永定门起，至钟鼓楼止，一条笔直的中轴线贯穿南北，而前朝的三殿、后寝的三宫都位于这条中轴线上。中轴线东西两侧则均匀分布着一座座风格统一却又各具细节之美的殿堂，传递着皇家建筑的威严与秩序美，极具美学观感。

建筑用色庄严夺目

早在春秋时期，我国便有了"五色"的概念，即《春秋左传正义》中所说的"青、赤、黄、白、黑"。而传统五色也勾勒出了光彩夺目的北京故宫。

赤色，泛指红色。中国红是北京故宫的底色。《礼记》中说："楹，天子丹。"帝王居住的地方通常用大片的红色装饰。而中国人对红色的热爱古已有之，尤其是在明朝时，人们多用赤色喻示吉祥尊贵。正因如此，北京故宫的城墙、宫门、窗等都用红色来装饰，既庄严大气，又鲜活绚丽。

黄色。传统五色对应五行，土居中，与土对应的黄色则被视为中央正色，由此成为北京故宫的主色之一。北京故宫中较为重要的宫殿屋顶都以金黄色的琉璃瓦铺设，在蓝天白云的映衬下，美得让人赏心悦目。

青、白、黑三色。除了黄色琉璃瓦外，北京故宫里黑色和绿色琉璃瓦也很常见。比如用于藏书的文渊阁的屋顶便以绿色琉璃瓦剪边，再以黑色琉璃瓦铺设。黑色对应五行中的水，这寄托了人们防范火灾、祈求平安的愿望。另外，青绿色也是北京故宫建筑的常用色。绝大部分宫殿的屋檐下都以大面积的青绿色彩画作为装饰，十分雍容华贵。北京故宫宫殿台基和栏杆是白色的，在白色的衬托下，其他颜色越发绚丽夺目。

当然，北京故宫建筑的颜色并不止这五色，绝大部分宫殿上都覆盖着工艺复杂的彩绘，虽然图案繁复、色彩斑斓，却又异常和谐，花而不乱。北京故宫的色彩美学背后，蕴藏着中国人亘古未变、一脉相承的审美习惯和智慧。

建筑结构巧夺天工

在过去的 600 多年里，北京故宫曾遭遇 200 余次大小地震的摧残，却仍旧保存完好并屹立至今，这不得不说是一个奇迹。古代的能工巧匠们在建造北京故宫的过程中运用了多种特殊的建筑抗震构造，而那些巧夺天工的设计以今天的目光来看依然很科学、先进。

北京故宫畅音阁天井

　　首先，北京故宫独特的抗震功能与其宫殿圆柱竖放的方式息息相关。一般建筑物的支柱都深埋在地基之下，在高强度的地震中很容易拦腰折断。而北京故宫宫殿的支柱都直接竖立在石础之上，当地震发生，这些支柱虽然会产生强烈的晃动，却不会轻易折断，反而会因为晃动而有效降低地震破坏力。

　　其次，北京故宫的独特抗震功能与其斗拱的拼合方式有关。中国传统建筑离不开榫卯结构拼合的斗拱，北京故宫的飞檐廊阁便是由斗拱托起，

官殿圆柱竖立于石础之上

斗拱托起的飞檐

稳稳地支撑着这些建筑度过几百年的沧桑岁月。

斗拱由很多小木件组成，无须使用铁钉，各部位间连接稳固，关键在于榫卯。榫卯是中国古人发明的一种独特的结构方式，主要用于建筑、家具和一些器械上，其使用比铁钉更为灵活、方便。当地震袭来时，榫卯结构拼合的斗拱能够以一种柔力维持整体结构，这是因为木件间的相互错动会像汽车的减震器一样化解地震的强烈冲击力。

最后，千层饼地基亦成就了北京故宫在大小地震的侵袭下屹立不倒的奇迹。北京故宫建筑群的地基以碎石和夯土筑成，并以煮好的糯米作为黏合剂，层层叠叠。这使得地基整体的韧性更高、渗透性更好，加强了地基的抗震效果。

沈阳故宫

沈阳故宫是我国除北京故宫外另一座规模较大、保存完好、极具历史和人文价值的古代宫殿群，以其特色鲜明、装饰豪华的宫殿建筑引起了世人关注。

高台建筑，宫高殿低

沈阳故宫自 1625 年开始建造，于 1636 年初步建成，清乾隆时期又大加扩建、改建，最终形成今日之形制、格局。其整体布局可分为中、东、西三个部分，东路的主体建筑有大政殿等，是努尔哈赤时期所修建；中路的主体建筑有崇政殿等，是皇太极时期所修建；西路的主体建筑有文溯阁等，是乾隆时期所修建。综观沈阳故宫建筑群，其最突出的建造特点为

"高台建筑，宫高殿低"。

　　所谓"高台建筑"，指的是满族早期在地势较高的地方建造房屋的生活习俗。努尔哈赤迁都沈阳后，这种高台建筑形式被运用到沈阳故宫的建造过程中。由于沈阳位于松辽平原东部，无法借助自然地势在高处筑建宫室，沈阳故宫的建造者便运用人力夯土起台，再将寝宫建于高高的土台之上。

　　到了皇太极时期，皇宫的建造继承并发展了"高台建筑"的特点，形成了独特的高台院落形式，即将所有具有寝居功能的宫室都建于高台之上，以院落的形式展现。① 同时，这一时期沈阳故宫的布局方式也呈现出明显的"前朝后寝"的特征，这是传统汉式宫殿的布局形式。

高台建筑的凤凰楼

①　李声能.沈阳故宫的营建与空间布局特色分析 [J].中国文化遗产，2016（5）：9.

所谓"宫高殿低",简单而言,即殿的高度低于宫。其实,在"居高"思想影响下,为了提升建筑高度,中国古代的宫殿在建造时都会在地基之上砌筑高台,但大多呈现出"宫低殿高"的特点,其中最典型的是北京故宫。但皇太极时期所建造的宫阙却创设出"宫高殿低"的建筑形制,极具特色,在中国传统宫殿建筑史上留下了浓墨重彩的一笔。

博采众长,旗风满韵

沈阳故宫建筑群在保留着不同时期、不同民族(主要为满、汉、蒙古、藏族)的建筑特点的同时,又带有浓郁的东北地域特色和满族风情,呈现出一种特殊的建筑风貌。

吸收多民族文化特色

沈阳故宫在建筑形式上汇聚了不同民族文化的特色,博采众家之长。在沈阳故宫筑建早期,主要借鉴汉、蒙古、藏族的建筑文化元素,形成了五彩缤纷、质朴热烈的装饰效果。[1] 例如中路最重要的建筑崇政殿,其殿顶覆以黄色琉璃瓦,正脊以五彩琉璃龙纹装饰,色调丰富,垂脊上坐卧着龙、狮、羊等"脊兽",殿内龙椅前后都摆着烛台、熏炉等精美陈设。这些装饰手法都受到汉族文化的影响。

---

① 佟悦. 满韵旗风汗王宫:清沈阳故宫的满族特色 [J]. 中国文化遗产,2016(5):53.

而蒙古和藏族文化对沈阳故宫建筑群的影响大多体现在建筑的装饰构件上，比如大正殿檐下安装有藏式建筑中随处可见的透雕的兽面，殿内藻井上以梵文天花作为装饰，等等。

极具满族风情

沈阳故宫建筑群带有浓郁的满族风情。例如努尔哈赤时期建成的大政殿，它全高 20 余米，八根挺直的朱红圆柱撑起檐顶，是典型的八角重檐攒尖式建筑。其八面出廊，正门的两根圆柱上，各有一条金漆攫珠龙盘旋而上，极具气势。殿顶以金黄的琉璃瓦铺设，镶绿剪边，与满族人喜用多彩琉璃的建筑传统一脉相承，而其八角重檐的建筑形制与游牧民族驻扎野外时使用的大帐篷很是相似。这些建筑特色、装饰风格都带有明显的满韵旗风。

皇太极时期增建的宫廷建筑，无论是在整体布局、外观装饰还是在室内空间的分割与运用等方面都契合满族人的生活传统和审美习惯。其中的典型代表有清宁宫、凤凰楼等。清宁宫是典型的五开间前后廊硬山式建筑，位于高台院落的最北端，其门设在东边的次屋，室内地下铺设烟道，地上则多铺炕面。这些设计都是为了抵抗东北冬日的严寒。

凤凰楼是三滴水式的阁楼建筑，即三重屋檐式建筑。其是清代盛京城中最高的建筑物，符合满族择高而居的传统生活习俗。

华贵而不失古朴的沈阳故宫大政殿

西藏布达拉宫

　　布达拉宫始建于 641 年，相传是当时的吐蕃赞普松赞干布为迎娶文成公主，以进一步促进与大唐的友好关系所建。布达拉宫坐落于拉萨红山之上，以别具一格的建筑风格和神秘的宗教文化色彩闻名于世，是西藏现存规模最大、等级最高的古代宫堡式建筑群。

　　布达拉宫依山而建，整座宫殿处于海拔约 3700 米之上，占地约 13 万平方米，远远望去，巍峨殿宇在雪山云雾的映衬下仿若天宫般宏伟神秘、壮丽辉煌。布达拉宫具有传统藏族建筑的典型特征，建筑师依据山势起伏、山体走向来安排、组织大大小小的建筑群体，给人以宫宇重叠、曲折迂回的整体印象，而整座布达拉宫也与自然达到完美的协调。

　　布达拉宫整体由三部分构成，即雪城、红宫与白宫、林卡。从山上俯瞰，雪城坐落在南面，而北面则为林卡，红宫和白宫自半山腰起盘旋而上，高高低低的碉楼、城墙连成一片，错落有致，极富美感。其采取的是传统藏式分部合筑、层层套接的建筑形制与布局方法。①

白宫的主体建筑东大殿一般用来举办重大的活动。之所以称为白宫，是因为宫室外墙被整体涂成白色，与周围山峦上经久不化的皑皑白雪遥相辉映。红宫的称号也源于其外墙的颜色。无论是红色还是白色，在藏族人民心中都是极其美好的颜色，喻示神圣、圣洁。在湛蓝的天幕下，红宫和白宫色彩对比鲜明，加上迎风招展的经幡，动静结合，极具视觉冲击力。

红宫作为布达拉宫的中心，体量巨大，设有佛殿、经堂等。著名的布达拉宫金顶群位于红宫之上，每座金顶大小不一、形状各异，通体金黄，十分耀眼夺目，将红宫点缀得更为雄伟富丽。

布达拉宫建筑群曾经历数百年的整修与扩建，规模不断扩大，气势越发恢宏，却始终不改红宫的核心地位。布达拉宫具有自下而上逐级推进的空间序列特点，外形极为复杂，却错落有序，重点突出，即以红宫为中心，形成东有白宫、西落僧房的独特建筑格局。

值得一提的是，在布达拉宫建造过程中，建筑师们在多方面都运用了艺术上的对比手法。例如，不同色彩的鲜明对比，精雕细琢、宏伟绚丽的布达拉宫宫殿建筑群与周围粗犷、原生态的自然环境的对比，宫室内木构梁柱与室外岩石堡垒的对比，主体建筑顶部边玛墙毛绒的质感与岩石墙冰冷坚硬质感的对比，等等。正因如此，我们才说布达拉宫是一座丰富璀璨的艺术博物馆，它体现了藏族人民的智慧和创造力。

① 朱一丁. 布达拉宫的建筑艺术 [J]. 山西建筑，2014（30）：18.

殿宇巍峨而错落有序的布达拉宫

黄昏时的布达拉宫

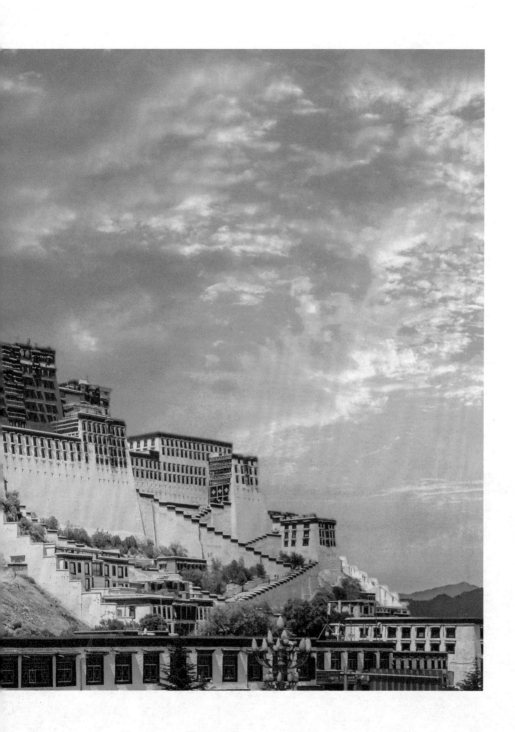

第四章

坛庙：
华丽壮美，布局精巧

"国之大事，在祀与戎。"
"祀"为祭礼，"戎"为兵事。
在中国古代，祭祀是一件非常
重要的事情，是家庭、家族乃
至国家的大事。

古人崇拜祖先、祭拜神灵，
将对祖先和神灵的敬意融入祭
祀活动中，也融入专为祭祀活
动而修建的建筑中。坛、庙都
是古人举办祭祀、祈福活动的
重要场所。这些建筑也因寄托
了古人特殊的情感而呈现出
与其他建筑不同的风格与文化
内涵。

北京天坛

祭皇天，祈丰收

中国古人对天的崇拜自古有之，这源于早期人们在生产力低下时对自然的依赖、敬畏和崇拜。中国古代帝王自称"天子"，也可见古人对天的敬重。

明永乐年间，朝廷修建天坛、地坛用于祭祀皇天后土。嘉靖九年（1530 年），天地分开祭祀：在大祀殿南建圜丘，以祭天；在安定门外另建方泽坛，以祭地。后圜丘改名天坛，方泽坛改名地坛。

天坛位于北京市南部，始建于明永乐十八年（1420 年），是明清两代皇帝祭祀皇天（即苍天），祈求风调雨顺、五谷丰登的重要场所。

天坛是按中国传统礼仪建造的国家祭坛，由圜丘、祈谷两坛（圜丘坛在南、祈谷坛在北）组成，坛墙南方北圆（象征"天圆地方"）将天坛隔开，形成内外坛。

相关资料记载，天坛建成之后，先后有 22 位皇帝来到天坛参与祭天活动，随着封建王朝的灭亡，天坛的皇家祭祀使命也画上了句号。

1918 年，天坛建筑群经规划改作公园用，现为国家重点文物保护单位，并已列入《世界遗产名录》。

天坛主体建筑

祈年殿

在天坛这一世界上最大的祭祀建筑群中，祈年殿无疑是最受关注的一座。

祈年殿在清乾隆十六年（1751 年）正式得名，作为天坛祭祀的主体建筑一直履行祭祀职责直到天坛祭祀功能结束。

祈年殿建于高台之上，气势宏伟，给人以威严之感，建筑者将人对天的敬畏融入建筑之中。祈年殿分上下三层，层层向上，矗立在碧空之下，金色宝顶在阳光的照耀下熠熠生辉，庄严而神圣。

祈年殿的整体建筑结构是上殿下屋，木质结构。殿外三层重檐使用涂有蓝釉的琉璃瓦，象征蓝天。殿身蓝绿相间，以彩色龙凤装饰。最下面的一层通体红色，雄厚大气。

最值得一说的是祈年殿中支撑整个建筑结构的大柱，这些大柱共 28 根，均为珍贵的金丝楠木。除了木材本身的珍贵，其在建筑结构上也表现出令人惊叹的巧思。这 28 根大柱环转排列，内层 4 根大柱（龙井柱）高

19.2 米，直径 1.2 米，支撑上层屋檐，象征四季；中间 12 根大柱红底贴金（金柱），支撑第二层屋檐，象征 12 个月；外围 12 根大柱（檐柱）支撑第三层屋檐，象征 12 个时辰。

祈年殿

圜丘坛

圜丘坛用于举行冬至祭天大典，受"天圆地方"观念的影响，建筑设计为圆形，上下共三层。

三和九对于古人来说是非常特别的数字。古人认为，"天为一，地为二，天地合而为三"。九，是单数中最大的一个数，被看作是阳数的极数，因此这个数字就有了尊贵的含义，如皇帝被称为"九五之尊"。古人强调尊卑，强调地位等级，将对天地、宇宙的理解和等级观念融入建筑中，这一点在圜丘坛的建造中也得到充分体现。

圜丘坛

圜丘坛为三层建筑，这是对"天、地、人"的认知。圜丘坛中心设圆石，外面铺设扇形石，共九圈，内圈九块，往外依次递增，每一圈扇形石的数量都是九的倍数。坛每层四面各有九级台阶，栏杆、望柱数也为九或九的倍数，表示对天的极大的尊重。

在建筑色彩上，同祈年殿一样，圜丘坛以蓝色为主，采用蓝天的颜色。相传明朝时的圜丘为蓝色琉璃圆坛，这一点在后来修缮天坛时得到证实。天坛曾出土大量明代砖石料，外覆蓝釉。这种独特的蓝色只在天坛出现，是一种独有的皇家蓝，象征天。

近观圜丘坛

北京太庙

遵礼法，祭先祖

北京太庙是明清两代皇帝祭拜先祖的地方，遵循"左祖右社"的古制，与紫禁城同时建成，是我国目前现存建筑结构最完整、建筑规模最宏大的皇家祭祖建筑群。

太庙的建筑平面为长方形，南北长 475 米，东西宽 294 米，有三重围墙，将整个太庙分为三层封闭式庭院。

太庙的围墙为黄琉璃瓦顶的红墙，尽显皇家威严，太庙中的主体建筑均坐北朝南，庄严肃穆。

古人重礼法，祭祀先祖是封建礼制文化中非常重要的一部分内容。太庙作为皇家祭祀建筑，不仅在建筑规模、建筑构件细节上追求宏大、精致，更蕴含了古代礼制思想。

太庙的红墙黄瓦

　　在太庙中，陈设着当朝历代皇帝的神位（也有皇后、功臣的神位，只是数量较少），太庙可以说是一个朝代皇位更迭的档案馆。前朝的太庙建筑往往难逃焚毁的命运，留下者寥寥无几，这也使得北京太庙极具建筑文化研究价值。

太庙主体建筑

前殿（享殿）

前殿，又称大殿、享殿，面阔 11 间，用于供奉皇帝祖先牌位。每每新皇登基、大婚，或在一年的年末、大战凯旋时，皇帝都会带领王公大臣来这里祭祀先祖，感恩先祖保佑。

前殿建在汉白玉须弥座上，东、西配庑各 15 间。前殿的正面门头之上，两层檐之间有一块木匾，木匾上分别用满文、汉文写着"太庙"二

太庙前殿

字。前殿的梁柱外包沉香木，其他构件均为金丝楠木。

前殿正南为戟门，因门内原列有 120 支镀金、镀银铁戟而得名。戟门左右各有一旁门，黄琉璃筒瓦庑殿顶，中有汉白玉石雕御路，雕有"二龙戏珠""狮滚绣球""海水江涯"图案。

中殿与后殿

中殿在前殿以北，后殿在二重院落最北侧。两殿均面阔 9 间，黄琉璃瓦庑殿顶。两殿左右各有配殿 5 间，是收藏祭器的场所。

太庙戟门

山东曲阜孔庙

布局严谨对称

孔子是我国伟大的教育家和思想家，其教育理念和学说在我国古代影响深远。由于儒家思想在我国多个朝代都受到统治者的推崇，再加上孔子的弟子及后世弟子数量众多，遍布各地，因此，在我国各地有很多祭祀孔子的文庙——孔庙。在这些孔庙中，以孔子的家乡山东曲阜的孔庙最为著名。

曲阜孔庙，又称"阙里至圣庙"，位于我国山东省曲阜市，是祭祀孔子的祠庙。曲阜孔庙始建于鲁哀公十七年（前478年，孔子逝世的第二年），此后多次扩建，与相邻的孔府、城北的孔林合称"三孔"。

现存曲阜孔庙建筑群，前后九进院落，房屋464间，外围有红墙，四角有角楼，整体建筑中轴分明、左右对称。

孔庙内有幽深的甬道贯穿各院落与建筑，甬道两侧各殿采用少见的木石结构，廊庑围绕，斗栱层次分明，造型优美而严谨精细。

曲阜孔庙大成殿是孔庙的正殿，是一座单檐歇山顶建筑，殿顶覆有灰板瓦和筒瓦，正脊的两端有龙吻，中脊置有火球宝瓶，出檐斗拱。整个大殿给人以壮丽、沉静、幽雅之感。

孔庙大成殿

"万仞宫墙"颂学识

万仞宫墙是明代曲阜城的正南门，正对孔庙，原名"仰圣门"。现城门上方可见"万仞宫墙"题字，由清乾隆皇帝题写。

"万仞宫墙"四字出自《论语·子张第十九》中的子贡语："夫子之墙数仞，不得其门而入，不见宗庙之美、百官之富。"大意是歌颂孔子学识渊博，如同万仞高墙，后人难以望其项背。

万仞宫墙

山西解州关帝庙

关公，即三国时期的关羽。其征战一生，武艺高强，更因忠义、诚信的品质被历代帝王和百姓称赞。人们敬仰关羽，修关帝庙以为供奉，关羽祠庙遍及全国。

山西解州关帝庙，位于我国山西省运城市解州镇西关，始建于隋开皇九年（589 年），是关庙和武庙之祖。

解州关帝庙现有房舍 200 余间，是我国现存规模最大的宫殿式道教建筑群，其代表性建筑为结义园、御书楼、气肃千秋坊等。

结义园，位于关帝庙建筑群中轴线的南端，原名"莲花池"，为纪念刘、关、张桃园结义而建。园内建有坊、亭、阁，另设有影壁、假山、莲池，建筑与景观秀美。

御书楼，位于关帝庙中轴线的中心，原名"八卦楼"。康熙帝西巡祭拜关帝，御笔书写"义炳乾坤"。乾隆为纪念康熙题匾，改名"御书楼"。御书楼前为单檐庑殿顶，后为单檐卷棚顶，楼上雕木制八角形藻井，顶端

结义园

绘八卦图案。

　　气肃千秋坊是关帝庙建筑群的中轴线上最高大的木牌坊，坊上有"气肃千秋"四个大字，其东、西的印楼、刀楼相对矗立，均为三层方形十字歇山顶建筑。院中有相传为关羽所作《汉夫子风雨竹》诗碑刻："莫嫌孤叶淡，终久不凋零。不谢东君意，丹青独立名。"

御书楼

气肃千秋坊瑰丽景色

山西太原晋祠

山西太原晋祠的建立最早可以追溯到西周时期。其曾为晋国宗祠，后世多次扩建，在明清时期走向成熟。

山西太原晋祠是目前我国历史最久远、规模最大的祠庙式古典园林建筑群。其间殿阁林立，亭台相间，建筑的周边环境和建筑的整体内部环境都十分秀丽壮美，自然山水与人文景观有机融合，建筑布局与风格都堪称园林式建筑的典范。

山西太原晋祠建筑整体呈轴对称分布，其代表性建筑水镜台、金人台、鱼沼飞梁、圣母殿均矗立在建筑群的中轴线上。祠内崇楼高阁、轩榭廊舫等依山而建、就势而造，布局奇巧。

值得一提的是，由于山西太原晋祠的建造时间跨度长，因此祠内有各个朝代的建筑，如宋代建筑圣母殿、金代建筑献殿、明代建筑水镜台等。虽然建筑年代不同，风格有异，但是这些建筑都能巧妙地与祠内其他建筑，以及周围环境融合在一起，可见建筑设计的匠心独运。

晋祠水镜台

作为明代建筑，晋祠水镜台采用了明代山西戏台特有的前后建筑结构，建筑彩绘、雕刻等也颇具明风和山西特色，戏台与整个祠庙巧妙融合，具有深厚的山西戏曲文化、祭祀文化底蕴，是晋祠的代表性建筑。①

---

① 王新生.试论晋祠水镜台建筑形制和装饰特色[J].中国文化遗产，2019（1）：102−105.

第五章

陵墓：
庄严雄伟，宁静肃穆

古人称帝王的坟墓为陵。在封建社会时期，皇权至高无上。为了去世后在"另一个世界"依然拥有财富和特权，一些帝王在位期间集中全国的人力和物力为自己建造皇陵。

　　皇陵建筑作为帝王的坟墓，代表了古代墓穴的最高建筑水平。皇家陵墓常常位于钟灵毓秀之地。秦始皇陵、唐乾陵、明十三陵、清东陵……这些皇家陵墓带着神秘的色彩，庄严地屹立于青山绿水之间，俯视着后人，见证着历史的变迁。

秦始皇陵

规模宏大的秦始皇陵

秦始皇灭六国，一统天下，开创了我国历史上第一个封建王朝。秦始皇于即位后开始修建皇陵，历时 39 年完工①，其工程之浩大由此可见一斑。

古人认为坟墓不仅可以为已逝的人提供居所，还可以荫及后代，而皇陵则能影响国家的命运，因此陵墓的选址十分讲究，多位于依山傍水之地。秦始皇陵位于陕西临潼东部，南依骊山，北濒渭水。

秦始皇陵仿照都城咸阳的格局而建，整体呈回字形。皇陵面积十分

---

① 楼庆西. 极简中国古代建筑史 [M]. 北京：人民美术出版社，2017：48.

广阔，约 56 平方千米 ①，整体分为陵园区和丛葬区。陵丘为三层方形夯土台，以土而筑，呈方锥形。

皇陵由内而外分别为"地宫—内城—外城—外城外围"。其中地宫类似咸阳城皇帝的宫殿，是皇陵的核心，用于安放帝王的棺椁；内城呈方形，周长约为 3800 米；外城呈长方形，周长约 6000 米。

《史记·秦始皇本纪》中记载："宫观百官，奇器珍怪徙臧满之。令匠作机弩矢，有所穿近者辄射之。以水银为百川江河大海，机相灌输，上具天文，下具地理。"由此可见，秦始皇为了在死后依然能享受荣华富贵，受百官朝拜，在地宫内不仅建造了宫殿还雕刻了文武百官的雕像，地宫内布满了奇珍异宝。秦始皇生前曾遭受荆轲行刺，可能受此影响，他在地宫内也安置了弩箭，如果有盗墓者闯入就会被射杀。除此之外，地宫内用水银仿作江河湖海，在地宫中循环流动，形成一方独特天地。

世界八大奇迹之一——秦陵兵马俑

1974 年，村民在打水井时无意间发现了陶俑，这些陶俑被专家鉴定为秦始皇的"地下兵团"，即兵马俑。兵马俑一经出土就引起了专家们的重视。后经考古学家勘测，三个俑坑（分别被编号为一号俑坑、二号俑坑和三号俑坑）被发现，出土了大量人形陶俑和青铜剑等武器。

俑坑距离秦始皇陵墓大约 1.5 公里，三个俑坑呈"品"字形分布，其形制为土木混合结构的地穴式坑道建筑。其中一号俑坑深约 5 米，底为

① 肖瑶，田静. 中国古代建筑全集 [M]. 北京：西苑出版社，2010：177.

秦始皇陵地宫格局

230 米 × 62 米的长方形。俑坑内出土了大量兵俑和马俑，兵俑排列成 38 路纵队。俑像身高约 1.8 米，千人千面，其体型、神态、服饰均以真人为参照，雕刻精细考究，栩栩如生。

秦兵马俑坑规模宏大，气势雄伟。受限于现有的技术水平，秦始皇陵地宫如今还未挖掘，我们无法察看地宫的真实情况。兵马俑坑作为陪葬坑，出土的兵俑和马俑作品尚且如此精细，地宫内的豪华和富丽自然可想而知。两千多年前，古代人民就可以在地下建造出规模如此宏大的陵墓，足以显示出当时人们先进的建筑技术和卓越的智慧。

秦兵俑

唐乾陵

气势雄浑的唐乾陵

唐朝经济繁荣、物产丰富、国泰民安、国力雄厚，皇陵建筑自然也气派非凡。唐陵墓中最具代表性的当数唐乾陵，唐乾陵乃唐高宗李治与武则天的合葬之墓，武则天是中国历史上唯一的女皇帝，这座陵墓成为中国乃至世界上绝无仅有的夫妇皇帝合葬陵。

到了唐朝，帝陵"以山为陵"，常常选择自然山峰打造地宫、建造陵园。用此种方式筑造的陵墓有着"山即为墓，墓即为山"的特点，规模宏大。唐朝帝陵不仅陵体高大，陵区面积也十分广阔。

唐乾陵位于陕西乾县以北的梁山上，海拔1000多米。梁山分为三座山峰，北部一座，南部两座。乾陵位于最高的北峰。南部两座山峰形似乳头，又名乳峰，乳峰中间有一条宽阔笔直的道路，即神道（神道为去往陵体的引导大道，可供摆排场之用[①]）。站在南边向北望去，乾陵高高矗立于北峰，两座乳峰恰似一对高大的门，越发衬托着乾陵威严而不可侵犯。

乾陵的格局仿照当时的都城长安城而建，陵墓周围建方形城墙，四面正中建阙门，按照方位分别为东青龙门、西白虎门、南朱雀门、北玄武门，门外均设有守门石狮。南朱雀门内原先建有献殿，供祭祀使用，现只存遗址。陵墓正南，两乳峰之间设有神道，同时设有三道阙门。神道两旁从南到北依次置有华表、飞马、朱雀、石马、石人、无字碑、述圣记碑、六十一蕃臣像等，这些石刻雕刻精美，造型生动，比例匀称。高耸的陵墓，重重的阙门，宽阔的神道，高大的石刻，与周围郁郁葱葱的树木相映，显得整座陵墓气势非凡，让人置身其中便能感受到庄严、幽静、肃穆的气氛。

朱雀门外东西两侧矗立着两组共六十一座蕃臣像。这些石像与真人身高相仿，装束各不相同。他们都双足并立、两手前拱，整齐恭敬地排列于陵前。《旧唐书》记载，高宗下葬时，少数民族和外国使臣前来参加葬礼。武则天按照他们的形象雕刻石像，并在石像背后刻上人名。

经探测，唐乾陵的地宫入口通道全部用石条填满，并以铁水浇灌石缝，坚固无比，地宫至今仍未挖掘。史料记载，乾陵玄宫陪葬品丰富，包含各种稀世珍宝，如金银制品、珠宝玉器、琉璃、陶瓷、石刻、书画墨宝等。

① 宋其加. 解读中国古代建筑 [M]. 广州：华南理工大学出版社，2009：172.

石飞马

壁画丰富的陪葬墓

唐乾陵东南有 17 座陪葬墓，现已发掘的有章怀太子李贤墓、永泰公主李仙蕙墓等 5 座墓，出土文物数千件，种类丰富。

乾陵神道旁的蕃臣像

　　章怀太子墓位于乾陵东南约 3 千米处，包含墓道、过洞、天井、通道、前室和后室，全长 71 米。前、后室呈方形，地面铺满方砖，顶部绘有日月星辰。墓中包含 50 多组壁画，所绘题材丰富多样，既有青龙、白虎等神兽题材，亦有出行、歌舞、游戏等生活题材。壁画色彩鲜艳，绘画技艺精湛，所绘事物生动形象，反映了当时宫廷人物的生活状态，是研究唐朝历史和文化艺术的重要文物。

乾陵无字碑

明十三陵

群山环绕的建筑群

明太祖朱元璋推翻了元朝的统治，建立明朝。之后，明太祖恢复汉族传统，推崇儒学，崇尚以礼治国，并制定了严格的陵墓制度。

朱元璋的陵墓（明孝陵）位于南京。明成祖朱棣将都城从南京迁至北京，并在北京重新选址建造陵墓，尔后的十二代明朝皇帝均将陵墓修建于此，形成一片规模庞大的陵区，统称明十三陵。

十三陵占地约40平方千米，位于北京北部昌平区的天寿山南麓。天寿山与东西两侧的延伸山脉呈三面环抱之势，形成一个南面开阔的小盆地。朱棣的长陵就坐落在这块盆地的北部，坐北朝南。十三陵东、西、北三面环山，南面开阔宽敞，山间的溪水汇聚于陵前河道，奔向东南。陵前神道两侧有两座小山，东为蟒山，西为虎峪山，位于天寿山南面，相对而峙，形成陵园的天然屏障。

十三陵中规模最宏伟的陵墓——长陵

十三陵中规模最宏伟的陵墓当数长陵，明成祖朱棣即埋葬于此。长陵位于十三陵中央，是陵园区的主体建筑，其他十二陵以长陵为中心依山势排列两侧。各陵建筑布局大致相同，陵与陵之间通过神道相连。

十三陵的陵园正前方是一座用汉白玉石构件组成的六柱五开间石牌坊。该坊高 14 米，宽 28.86 米[①]，柱脚表面装饰浮雕云龙，柱脚上部加饰卧龙，雕刻十分精美。穿过石牌坊就是大红门了，大红门是十三陵的正门，红壁黄瓦，下辟 3 道拱券门，门两侧立有下马碑，上刻碑文："官员人等在此下马。"大红门位于高岗之上，与天寿山主峰遥遥相对，庄严又

十三陵的正门——大红门

---

① 韩欣.中国古代建筑艺术 [M].北京：研究出版社，2009：354.

富有气派。

过了大红门向里走，在神道中央能看到一座歇山重檐、四出翘角的高大亭楼。亭楼呈方形，四面各辟券门，中心乃是"螭首龟趺"式石碑。碑体采用青白石制成，碑身正面篆刻"大明长陵神功圣德碑"字样，中部刻有碑文赞颂永乐皇帝的功绩。

十三陵各陵形制相似，其中尤以长陵规模最大。长陵地面建筑按轴线依次为陵门、祾恩门、祾恩殿、方城明楼和宝顶，其中祾恩殿用于祭祀先皇，是长陵中最重要的建筑。

祾恩殿坐落于三层汉白玉台基上，殿堂宽敞，东西阔九间，南北进五间，象征着皇帝"九五之尊"的地位，其建筑规模仅次于北京故宫的太和殿。祾恩殿内的柱、梁、枋等构件全部采用名贵的金丝楠木制作，殿内所有的立柱均为整根楠木，尤其是中间最大的4根，直径在1米以上。难能可贵的是，这些楠木巨柱经过几百年的岁月依然完整无朽，至今香气袭人。

宝顶即为坟山，其下为墓室。长陵的墓室至今仍未被挖掘，而明神宗万历皇帝所葬的定陵墓室已被发掘。定陵墓室由前殿、中殿、后殿和左右配殿组成，其布局类似阳宅四合院。定陵墓室出土的文物种类丰富，有3000多件。定陵墓室的石拱结构十分坚实，虽历经几百年的时间却无一塌陷，排水系统优良，积水甚少，这充分反映了我国古代高超的地下宫殿建造技术。

祾恩殿

清东陵

清太祖努尔哈赤和清太宗皇太极分别葬于沈阳的福陵和昭陵，这两座陵墓在设计和建造上遵循了明朝的形制：陵墓前设置神道，陵墓包含陵门、隆恩门、隆恩殿、明楼、宝顶等地面建筑，地宫位于宝顶之下。

清兵入关以后，顺治帝开始重新选址建造陵墓，最终在北京东郊的燕山之下选定了陵址，建造了清孝陵。清孝陵与之后建成的孝东陵（墓主人为寿惠庄皇后）、景陵（墓主人为康熙帝）等构成类似十三陵的建筑群，统称清东陵。

其实，清朝的皇陵除了沈阳的陵墓和清东陵外，还有清西陵。雍正皇帝在河北易县的永宁山太平峪找到一块理想的风水宝地，便将自己的陵墓——泰陵建于当地，由此开辟了清西陵。后世清朝皇帝陵墓便相继建在清东陵或清西陵，形成了两大陵园区。

清朝陵墓的形制整体仿照明朝陵墓，但又有所不同，最大的区别便是清代开始为皇后单独建造陵墓：如果皇后先去世，则随皇帝同葬于帝陵；

如果皇帝先去世，则在帝陵旁另建皇后陵，皇后陵的规模小于帝陵。

清东陵中建筑规模最大的陵墓当数孝陵，但要论建筑的精致和豪华，最突出的当数咸丰帝的孝贞显皇后和孝钦显皇后（即慈安太后和慈禧太后）的陵墓——定东陵。

定东陵的隆恩殿建筑极其精致，四周的栏杆采用汉白玉制成，其上雕刻龙凤呈祥、水浪浮云的图案。殿前的丹陛石上雕刻了龙凤呈祥的图案，采用高浮雕和透雕的技法，雕刻技术巧夺天工，雕刻的图案气韵生动，活灵活现，呼之欲出。与其他殿前丹陛石不同的是，此处的龙凤呈祥图案，凤在上，龙在下，反映了当时慈禧皇太后的权威。

隆恩殿内及其配殿里的梁柱和门窗全部采用名贵的黄花梨木和楠木，梁柱上的彩绘舍弃普通的油漆而改用金粉绘制，图案皆为龙、凤、云、寿字等，金色的龙盘于殿内大柱上，熠熠生辉，至今依然保存完好。在大殿的墙上镶有几十块不同大小的雕花砖壁，形成"五蝠（福）捧寿"和"卐字无边"的图案，喻示吉祥和福寿无边。这些砖雕的表面饰有赤、黄二色的金叶，与梁柱上的金粉彩绘一起形成金碧辉煌、奢华富丽的景象。

定东陵丹陛石

清东陵一隅

第六章

寺观：
绵延千年，影响深远

汉唐以来保存至今的古代寺庙宫观建筑是我国建筑艺术宝库中重要的组成部分。它们是历史的印记，散发着古代宗教文化的光芒，亦在今日变为地域的标志物，引来无数中外游客观光览胜。

　　我们流连于分散在全国各地的年代久远的寺庙或道观，不仅能欣赏古建筑历久弥新的美与其雄浑古朴的魅力，更能体会其背后的文化内涵，如佛家的因缘际会、万法皆空，道家的天人合一、顺乎自然等。

佛光寺 山西五台山

山西省五台山上的佛光寺大殿是闻名于世的佛教古建筑，建于北魏孝文帝时期，曾被梁思成先生称为"中国古代建筑第一瑰宝"。在中国仅存的几座唐代木构建筑中，佛光寺大殿的规模最大、保存较好，佛光寺真容再现，令中外建筑学界人士兴奋无比。

佛光寺具有如此重要的历史地位源于其独特的建筑形式、布局艺术，也与其背后深厚的人文内涵和珍贵的历史研究价值息息相关。

这一古寺院建筑群位于偏远的山林之中，隐于半山坡上，环境极为优美静谧，西面视野开阔，东、南、北三面则被峰峦环抱。全寺依山而建，寺内松柏苍翠挺拔，殿宇雄伟古朴，与周围山势融为一体。

寺院内庙宇、殿堂、禅房等计160余间，曾历经多次扩建和修缮才形成如今这般规模。佛光寺的地基有如梯田，层层上升。全寺自西向东依次为西影壁、前院、中院、后院，三个院落的台面一层比一层高，殿宇亦层层深入，纵横有序、布局清晰。三重院落之间的山门、路径、台阶都经过精心的设计，使得每一院落在形成独立空间的同时又与其他院落有着紧密的联系。

后院台面上坐落着五台山最大的佛殿东大殿，它是唐大中年间修建的。虽历经千年风霜，其建筑构件却仍保留着唐时的风貌，这不得不说是一个奇迹。东大殿面阔七间，进深四间，殿檐长而平缓，斗拱硕大，这在宋以后的木结构建筑中很难见到。

殿内保存的古朴雅致的唐代木构、墨书题记，以及精美绝伦的唐代塑像与壁画深深震撼了梁思成先生，先生将它们称为"四绝"。东大殿主佛

佛光寺东大殿殿檐

堂上一共塑有 35 尊佛像，大部分都塑于晚唐时期，均比例匀称、形体优美、神态娴静，具有典型的唐代艺术的特征和韵味。

　　佛光寺在不同的历史时期曾多次经历过修缮与扩建，很多佛像都留下了重塑痕迹。例如东大殿主佛塑像面部、手部曾被重新贴金。除了殿内的塑像，壁画、彩画、墨书题记的历史沿革都较为复杂，但都蕴含着丰富的文化和艺术价值，在世界建筑史和艺术史上有着不容忽视的地位。

河北正定
隆兴寺

隆兴寺位于河北省正定县，初建于隋朝，因历史悠久、规模较大、保存较好而声名远播，并被梁思成先生赞为"河北重要大伽蓝之一"。隆兴寺曾几经更名，直到康熙年间定名为隆兴寺并沿用至今。

隆兴寺占地面积 8 万多平方米，一条笔直的中轴线从南至北贯穿全寺，殿宇楼阁分布在中轴线上及两旁，错落有序。

寺内建筑群曾经历数次整修，尤其是宋朝时的一次较大规模的扩建，直接奠定了隆兴寺现在的整体布局。虽然其后多个朝代都曾对隆兴寺进行修葺，但在整体格局上仍然体现出浓浓的宋代遗风。这为后人研究宋代佛教寺院建筑的形制特点、布局要点和筑造风格提供了无比珍贵的实例。

隆兴寺中的慈氏阁、转轮藏阁、天王殿等虽然都具有宋代建筑的典型结构，却又各具特色。

慈氏阁分上下两层，阁顶为典型的单檐歇山顶。阁楼内部梁架结构脱离了纷繁复杂的风格，线条简洁，连接部位清晰明朗，采取的是减柱造

精巧雅致的慈氏阁

法。而檐柱采取的则是永定柱造法，这一古老的建筑构造方法十分少见，在我国现存的宋代建筑中，慈氏阁是唯一一座使用永定柱造法的建筑，足见其珍贵。从外望去，整座慈氏阁造型精巧雅致，令人见之难忘。

转轮藏阁是一座单檐歇山顶二层楼阁，建于北宋年间，其形式构造精美绝伦，是我国古代木结构建筑中不可多得的艺术珍品，具有珍贵的历史研究价值。

天王殿离隆兴寺的山门较近，位于中轴线上的最南端，其面阔五间，进深两间，殿内安放着四座神像。神像神态庄重、威严，为近年重塑而成。

除天王殿、转轮藏阁、慈氏阁外，隆兴寺中的出名建筑还有摩尼殿、明清时期的戒坛等。另外，寺内龙腾苑内的三世中丞石牌坊建于明代万历年间，工艺精良，具有较高的历史研究和艺术审美价值。

明三世中丞石牌坊

湖北武当山
太和宫

太和宫是中国古代的道教宫观建筑，位于湖北省武当山天柱峰。在武当山古建筑中，太和宫地位突出。其始建于宋元，后由明成祖朱棣下令重新修建。天柱峰山势复杂，险峻陡峭，大大增加了建筑难度。明代的能工巧匠们呕心沥血，辛苦操劳数年方才建成这一雄伟壮观的建筑珍品。此后，太和宫名扬天下，明成祖赐名"大岳太和宫"。

太和宫位于绝顶之上，依山而建，周围重岩叠嶂，烟树云海，殿宇楼堂掩映其间，险峻的山势和自然奇绝之景愈发烘托出建筑本身的古朴之美，更增添万千气象，尽显肃穆与庄严。

太和宫中有一座名扬四海的建筑，名为金殿（又名金顶）。它铜铸镏金，气势非凡，有着"古今天下第一殿"的美誉。金殿是我国现存规模最大、等级最高的铜建筑。在整个武当山的道教建筑群中，金殿的地位首屈一指，在我国建筑史上留下了浓墨重彩的一笔。

太和宫金殿坐西朝东，面阔三间，进深七檩，其结构形式借鉴的是传统的木构建筑，但使用的材料为黄铜，并以黄金作为装饰。金殿利用镏金斗拱加柱脚枋之法来加强内部空间的整体性，烘托整座大殿庄重威严的气势，其高超的铸造工艺水平和艺术鉴赏价值令后人惊叹不已。①

　　在中国现存的古代铜殿之中，数太和宫金殿等级最高、影响力最为深远。它是古代建筑师对道教典籍中记载的"天上瑶台金阙"的摹画与阐释，而它独特的建筑形式也启发和影响了之后的道教铜殿的创建，比如明万历年间修建的昆明太和宫铜殿和峨眉山铜殿就深受其影响。

依山而建的太和宫建筑群

---

① 张剑葳. 武当山太和宫金殿：从建筑、像设、影响论其突出的价值 [J]. 文物，2015（2）：86.

永乐宫
山西芮城

永乐宫位于山西芮城县，原名大纯阳万寿宫，创建于元朝。作为著名的"全真教三大祖庭"（其余二座分别为北京的白云观、陕西西安市鄠邑区重阳宫）之一，永乐宫是为纪念道教人物吕洞宾而建，是我国现存最早的道教宫观，其规模宏大，宫殿建筑艺术源远流长。

永乐宫的主体建筑由南向北依次排列，分别为宫门、无极门、三清殿、纯阳殿和重阳殿。三清殿是永乐宫的主殿，殿内墙壁上绘满壁画，画上人物众多，其描绘的是诸路神仙向元始天尊朝拜的场景，精美异常。

紧随其后的纯阳殿四壁亦布满壁画，壁画名为《钟离权度吕洞宾》。画上讲述了吕洞宾出生、成长以及受点化升仙的故事。此画场面宏大，刻画传神，至今仍旧保持着鲜艳纯正的色泽，堪称我国壁画史上不可多得的杰作。

永乐宫建筑构件细节及彩绘

西藏日喀则萨迦南寺

　　萨迦寺位于西藏日喀则市的萨迦县，分为南寺和北寺，因藏语对建寺山坡土壤的描述为"萨迦"（灰白色的土）而得名。经过漫长的历史变迁，南寺的建筑群保存良好，以巍峨壮观的建筑风格闻名于中外建筑界。

　　萨迦南寺为元代建筑，坐落在玛永扎玛平坝上。全寺占地面积4万多平方米，整体呈方形。寺内建筑不仅有着典型的藏式建筑的特征，还糅合了汉族及印度建筑的风格。寺墙大多以红、白、青三色作为装饰。其中以砖红色外墙最为普遍，因此有着"红色城堡"的美誉。

　　南寺的主体建筑为拉康钦莫大殿，占地5700平方米，整体呈回字形，体量巨大。在过去的几百年间，拉康钦莫大殿曾经历多次维修，整体布局也有所改变，并新增了一些附属建筑物。

　　尤其值得一提的是南寺内珍藏的各种文物，包括历史悠久的壁画、雕像和经书等，人们常用"四大墙"来形容其所藏文物的数量之多，价值之珍贵。"四大墙"即经书墙、佛像墙、瓷器墙、壁画墙。萨迦南寺也被人们赞为"雪域敦煌"，并早在1961年便被列为全国重点文物保护单位。

西藏日喀则萨迦南寺

石窟是一种将绘画、雕塑等多种艺术融合在一起的中国古建筑，是我国重要的文化遗产，具有极高的艺术和历史价值。

石窟这一建筑形式在魏晋时期兴盛起来，到了隋唐时期达到顶峰。在历史的发展演变中，中国的石窟建造技术逐渐成熟，并形成了别具一格的建筑风格，在世界石窟发展史上留下了浓墨重彩的一笔。

敦煌莫高窟

恢宏华丽的历史卷轴

莫高窟是一座集绘画、雕塑等多种艺术创作形式于一体的大型石窟建筑，也是世界上现存规模最大的石窟。莫高窟共有洞窟 735 个，壁画 4.5 万平方米，泥质彩塑 2415 尊，是中国重要的文化遗产。

莫高窟始建于前秦时期，至今已有 1600 多年的历史。莫高窟建成后，隋、唐、宋、元等多个朝代都曾对其进行修缮和扩建，因而莫高窟中的壁画、彩塑作品体现着不同朝代的艺术风格。

莫高窟的洞窟按照建筑形制的不同可以分为禅窟、中心塔柱窟、佛龛窟、殿堂窟等。洞窟大小不一，大的高约 40 米，小的高约 1 米。洞窟内有彩塑和壁画，题材以佛教人物、佛经故事为主，不同朝代的艺术创作风格略有不同。

北朝时期，莫高窟的洞窟以禅窟和中心塔柱窟为主，彩塑多为圆塑和影塑。这一时期的人物塑像形体高大、鼻梁高挺，头发呈波浪状，带有鲜明的印度佛像雕塑风格特点。

隋唐时期是莫高窟发展的巅峰时期，殿堂窟、佛坛窟、四壁三龛窟等大型洞窟的数量增多，开始出现大型塑像。这一时期的塑像以圆塑为主，造型雍容华贵，色彩瑰丽，人物风格更加本土化，脸庞圆润，神情庄重。

从宋朝开始，莫高窟的洞窟少有新建。直至 1900 年，莫高窟藏经洞的发现使这座石窟享誉世界。

九层楼与藏经洞

莫高窟第 96 窟外层的九层楼是莫高窟的标志性建筑。这座洞窟始建于初唐，最初为四层，晚唐时期扩建为五层，而现今人们所熟悉的九层楼是 1935 年扩建的。整栋楼依山而建，飞檐翘角，白壁红柱，远观宏伟，近看精致。

洞窟内有莫高窟第一大佛，佛像高约 35 米，两膝间的宽度约为 12 米。佛像为石胎泥塑，利用山体岩石凿出石像的大体形状，再用草泥、麻泥等泥质材料做精细雕刻，最后着色。这座石像曾被多次重修，所以我们今天看到的样子已经不是石像初刻时的原貌了。

1900 年，居住在莫高窟的道士王圆箓在第 16 窟洞窟内的北侧甬道壁上发现了一个小门，门里面有一方形窟室，窟室长宽各 2.6 米，高 3 米。窟室内藏有 5 万多件文物，包括文书、纸画、绢画等。其中文书数量最多。文书有佛经、道经、儒家经典、史籍等不同种类，内容丰富，其中还有一些是孤本和绝本。因为洞窟内藏书丰富，后被人称为"藏经洞"，现已被编为第 17 窟。

莫高窟九层楼

云冈石窟

云冈石窟位于山西省大同市的武周山南麓，依山而建，呈东西向分布，长约1千米，是中国最大的古代石窟群之一。云冈石窟有洞窟53个，窟龛252个，石雕5万多座，堪称中国石雕艺术中的瑰宝。

云冈石窟至今已有1500多年的历史了，其始建于北魏兴安二年（453年），一直到北魏正光年间，石窟的建造工程才基本完成，历时约60年。

早期的云冈石窟是高僧昙曜组织修建的，被称为"昙曜五窟"，即现在的第16至20窟。这一时期的石窟大多依山势而建，风格古朴，佛像雕刻既传承了汉朝细腻、精致的雕刻技艺，又带有异域风情。

北魏中期，统治者开始进行改革，全面学习汉族的政治、经济、文化。云冈石窟的建造受到了改革的影响，佛像的面部更加饱满、线条更加温和，更趋近于中国人的审美。石窟的整体风格更加华丽，装饰性雕刻增多，造型复杂多变。

晚期建造的石窟多以单窟为主，少有成组出现的。但石窟造型多

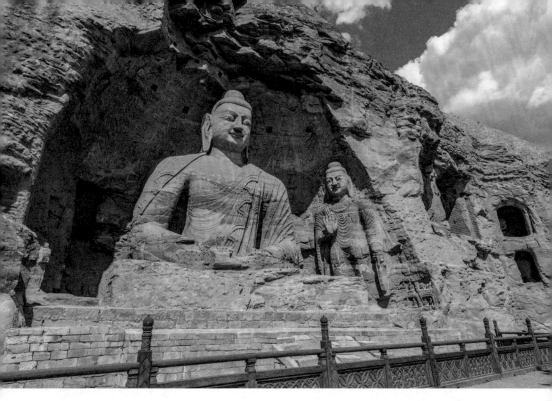

云冈石窟露天大佛

样，有千佛洞、塔洞、三壁三龛式等多种样式。人物外形更加俊美，长身玉立。

由于所处位置和建造时期不同，云冈石窟大体可分为三部分。东部石窟外形似塔，也被称为"塔洞"；中部石窟每个窟洞都有前后两个窟室，洞壁和洞顶上饰以华丽的浮雕；西部石窟大多是北魏迁都洛阳之后开凿的，多为中小型石窟。

辽兴宗、道宗曾组织整修云冈石窟，并修建了通乐、灵岩、镇国等十座寺庙。

云冈石窟是北魏举一国之力创造的大型石窟艺术作品，其继承了秦汉的雕刻传统，吸收了印度佛像的雕刻方式，又带有北魏特有的少数民族雕刻风格，是多种艺术融合发展的结晶，被誉为中国古代雕刻艺术的宝库。

龙门石窟

历经千秋的瑰宝珍窟

龙门石窟位于河南省洛阳市，因地处龙门，故称龙门石窟。相传，大禹为了疏通伊水而开凿龙门山，使其分为东西两半，两山相对，伊水自中间流过，龙门石窟就分布在两山之间。

龙门石窟始建于北魏迁都洛阳之时，之后北魏分裂为东魏和西魏，龙门石窟的建造被迫停止。直到唐朝中期，龙门石窟迎来了又一个兴盛时期，后续朝代不断整修、新建，直至清朝末年。龙门石窟也因此成为世界上营造时间最长的石窟，是中国石窟艺术发展史的见证者，具有重要的文化价值和历史价值。

在漫长的建造过程中，龙门石窟逐渐形成了长约1千米的石窟群，现存窟龛2000余座，造像10万多尊，是世界上造像最多、规模最大的石

窟，联合国教科文组织称其为"中国石刻艺术的最高峰"。

龙门石窟拥有石刻雕塑无数，造型精美，内容丰富，是我国石窟艺术宝库。2000 年 11 月，龙门石窟被联合国教科文组织列入《世界遗产名录》，2007 年 4 月，被国家旅游局评为 AAAAA 级景区。

伊水两岸的艺术宝库

因为被伊水分开，龙门石窟被分成了西山和东山两部分。北魏时期开凿的石窟大多在西山，约占石窟总数的三分之一。

古阳洞建于公元 493 年，也就是北魏迁都洛阳的第一年，是龙门石窟中开凿最早的洞窟。古阳洞内四壁和洞顶雕刻有各式佛龛 1000 多个，图案纹饰多样，表现出了当时工匠高超的绘画和雕刻技术。古阳洞也是中国石窟中保存造像题记最多的一个洞窟，洞中有碑刻题记 800 多个。著名的魏碑作品《龙门二十品》中有十九品都出自古阳洞。

宾阳洞由中洞、南洞、北洞三个洞窟组成，开凿于北魏景明元年（500年），用以纪念孝文帝的历史功绩。宾阳三洞的建设工程量巨大，洞内佛像雕刻精细。宾阳中洞在北魏时期得以建成，而南洞和北洞一直到隋唐时期才相继建成。

宾阳中洞是三个洞窟中最为华丽的，佛像雕刻众多，栩栩如生。洞顶雕有莲花宝盖，周围有伎乐环绕。洞口内壁两侧是三层大型浮雕，构图繁复，雕刻精美。

龙门石窟卢舍那大佛

　　唐朝开凿的首个石窟是潜溪寺，建于唐高宗初年，是龙门石窟西山北端的第一个大窟。窟内佛像丰腴饱满，表情温和，与唐朝雍容华贵的佛像造型风格相吻合。

　　卢舍那大佛代表了龙门石窟的最高艺术水平，其规模巨大，整体设计严密。卢舍那大佛建于公元672年，通高约17米，头高约4米，耳长约1.9米。佛像面容和善，衣纹雕刻自然流畅，给人的整体感觉大气端庄。

　　卢舍那佛像建在露天的崖壁上，工匠依据山势进行雕刻，不过分追求雕饰的精美，更注重线条的雕刻以及佛像面部的细节雕刻，使整个佛龛与山体融为一体，浑然天成。

龙门石窟

天龙山石窟

天龙山石窟位于山西省太原市西南的天龙山山腰处，共有石窟 30 个，造像 500 多尊。

天龙山石窟始建于东魏时期，丞相高欢在此建避暑宫并组织开凿了天龙山石窟。此后，北齐、隋、唐等不同的朝代都对天龙山石窟进行了开凿、整修，逐渐形成了后世所见的规模样式。

天龙山石窟主要分为两个区域——洞窟主区和千佛洞区。洞窟主区建在南坡山腰处，开凿于东峰和西峰之间；千佛洞区建在南坡山脚的溪谷旁，开凿于悬崖峭壁之上。

天龙山石窟中开凿最早的是东峰第 2 和第 3 窟，两窟左右为邻，规格相似，是一组石窟。石窟呈方形，顶部呈覆斗状，中间刻有一朵莲花，莲花周围刻有飞天。

唐朝开凿的石窟数量最多，共有 19 个。除第 9 窟为摩崖大龛外，其余洞窟大多是方形或圆形结构。第 9 窟是天龙山石窟中最大的摩崖石刻造像，洞窟外建有木构阁楼以保护石像。阁楼内的佛龛分为上下两层，分别刻有不同的佛像。

天龙山石窟在中国石窟建筑史上占有重要地位。天龙山石窟有着唐以前木结构建筑的基本形制，是研究这一时期木质建筑结构的重要实物资料。

天龙山石窟反映了南北朝至隋唐时期石窟艺术的发展变化，是这一时期石窟建造的典型代表。天龙山石窟以其高超的雕刻水平和丰富的文化内涵闻名中外，在中国石窟发展史上具有举足轻重的地位。

麦积山石窟

麦积山石窟位于甘肃省天水市麦积区的麦积山上，麦积山是小陇山中的一座孤峰，高142米，因山形似麦垛而得名。

麦积山石窟现存洞窟194个，各种造像7000余尊，其中1米以上者约1000尊。因山石不宜雕刻，故造像多为泥塑。麦积山石窟被誉为东方雕塑艺术陈列馆，和敦煌莫高窟、云冈石窟以及龙门石窟并称为中国四大石窟。

麦积山石窟以精美的泥塑艺术闻名于世，这里的泥塑大致可以分为四种，分别是凸出墙面的高浮雕、完全离开墙面的圆塑、粘贴在墙面上的模制影塑和壁塑。这些泥塑题材不同、风格各异，大的高达十米，小的仅高几厘米。这些泥塑历史悠久，塑于不同时期，体现了不同朝代的风格特点。通过这些泥塑，可见中国泥塑艺术的发展变化。

麦积山石窟始建于后秦，在北魏时迎来了发展的繁荣期，后唐、宋、明、清等各个朝代都曾扩建石窟，使麦积山石窟成为中国著名的石窟建筑群。

麦积山石窟大多开凿在悬崖峭壁之上，洞窟与洞窟之间有栈道连接，各个栈道凌空架起，层叠相连，使整个石窟更加宏伟壮观。石窟中的仿木殿堂式石雕崖阁和无中心柱窟的佛殿式洞窟设计独具特色，是工匠依据麦积山石窟特殊的地理位置而做的特别设计。

麦积山石窟由东崖和西崖两个部分组成，东崖石窟以涅槃窟、千佛廊和七佛阁最为著名，西崖有万佛堂、天堂洞等洞窟。

北魏是麦积山石窟发展的关键时期，这一时期共开凿石窟 88 个。这一时期的石窟以方形平顶的建筑样式为主，开始在窟壁上开凿上下分层的小龛；在佛像雕刻上风格逐渐趋于清俊，以褒衣博带的汉装为主，更符合当时的审美取向。

北周共留存有 44 个洞窟，以第 4 窟最为著名。第 4 窟又名上七佛阁，俗称散花楼，是麦积山石窟规模最大、位置最高的洞窟，也是中国现存规模最大的崖阁式建筑。

第 4 窟处于麦积山石窟的东崖上部，距地面约 80 米。整个洞窟为单檐庑殿式建筑结构，七梁八柱，柱础为莲花状。洞窟分为前廊、后室两部分。后室由 7 个并列的四角攒尖式帐形龛组成，龛内梁、柱上刻有浮雕，与龛融为一体。

麦积山第 4 窟是中国石窟中最大的一座洞窟，是研究南北朝时期木构建筑的重要实物资料，在中国古代建筑史上具有重要意义。

麦积山石窟佛像

第八章

古塔：
守望千年阅沧桑

在中国古代，几乎每个具有一定规模的城都建有塔，塔是古人举办供奉、祭祀等活动的地方。

中国古塔大多历史悠久，是典型的佛教建筑。塔建筑形制受地方宗教文化、民间习俗的影响，被当作一种精神象征，历来受到重视，是代表一方人文的地标性建筑。

接下来，我们一起领略不同古塔背后的人文故事与建筑风采。

山西应县佛宫寺
释迦塔

重楼木塔，世界奇观

山西应县佛宫寺释迦塔，俗称应县木塔，位于佛宫寺内，塔高 67.31 米，是世界上最古老、最高的木塔。

应县佛宫寺释迦塔为纯木结构建筑。该塔始建于辽清宁二年（1056 年），建在高 4 米的台基之上，曾耗红松木料 2600 多吨，屹立千年不倒。其与比萨斜塔、埃菲尔铁塔并称"世界三大奇塔"。

释迦塔的主要作用是供奉佛像、佛教宝物，塔内各层均塑佛像，佛像姿态生动、庄严肃穆。此外，塔内供奉两颗佛牙舍利。历代名人的挂匾题联为释迦塔增添了文化色彩。

从整体建筑造型来看，释迦塔为重楼式设计，平面呈八角形，外观为五层六檐，各层间设暗层，实为九层。

　　从各层建筑细节来看，释迦塔底层于南北方向设门，二层之上每层设四个门，门外有木质栏杆，沿木质楼梯攀登而上可到达顶层。塔顶作八角攒尖式，上立铁刹。

释迦塔（局部）

释迦塔屹立近千年而不倒的秘密

释迦塔历史久远，历经千年风雨洗礼而不倒，其中离不开释迦塔建筑结构的巧妙设计。这一点堪称建筑界的典范。

释迦塔为纯木建筑，各层用内外两层木柱支撑，内层 8 根木柱，外层 24 根木柱。各层之间梁、枋、柱结合，广泛使用斗拱结构，数以万计的建筑部件用卯榫结构互相咬合固定，整个木塔各部件、各层环环相扣，结合紧密，稳定牢固。

除了科学精妙的建筑设计，释迦塔历经多次地震和风雨侵蚀依然能屹立近千年的原因还离不开以下几点。

塔基牢固。释迦塔的塔基分为两层，上层为八边形，下层为方形，体现出天圆地方的设计理念，塔基的整体结构非常稳固。此外，塔基的用土也十分讲究。释迦塔的塔基采用黏土、砂等建造，地质条件好，承载力大，完全不必担心释迦塔因"底虚"而倾倒。

周边环境。在塔的周边有不少麻雀栖息，这些麻雀以木塔的蛀虫为食物，客观上也对释迦塔起到了良好的保护作用。

人为保护。木塔屹立近千年，离不开人们对木塔的不断修复和保护，试想，任何一座建筑，如果缺乏人为保护，那么再坚固也难敌风雨侵蚀，人为保护是释迦塔近千年不倒的重要原因。

释迦塔

河南登封
嵩岳寺塔

嵩岳寺塔，为北魏时期佛塔，始建于北魏正光年间，是全国重点文物保护单位、世界文化遗产。

嵩岳寺原为皇帝离宫，后改建为寺院，称闲居寺。隋文帝在位时，闲居寺改名为嵩岳寺，嵩岳寺塔也因此得名。

嵩岳寺塔在建筑方面有以下三大特点。

其一，砖塔建筑的典范。

嵩岳寺塔自建成之后，经历千百年风雨，是中国现存建造最早的砖塔。其在建筑结构、建筑造型方面对后世砖塔影响深远，是东亚地区同类建筑的初创与典范。

其二，平面形制独特、体形轮廓优美。

嵩岳寺塔为密檐式砖塔，分为上下两部分：下半部分为垂直的塔身，塔身的外壁没有任何装饰；上半部分是逐层内收的 15 层密檐，各层平面为十二边形（接近圆形）。嵩岳寺塔呈类圆筒状，塔身高大挺拔，整体轮廓柔和、饱满。

其三，典型的甲字形地宫。

嵩岳寺塔的地宫分为甬道、宫门、宫室三部分，以塔体为中心轴，东西方向对称，平面呈甲字形。此后历代佛塔的地宫建造也多采用这种形制。

嵩岳寺塔

西安大雁塔

古城佛塔，名曰大雁

唐代是我国古代政治经济发展的顶峰时期。古城长安，见证了大唐的辉煌，也见证了唐朝与其他国家频繁的文化交流，见证了佛教发展的辉煌。大慈恩寺是唐长安城最负盛名的佛寺，距今已有1350余年历史。寺内有一佛塔，名曰"大雁塔"，又名"大慈恩寺佛塔"，是古长安城、今西安城的代表性建筑。

大雁塔始建于唐永徽三年（652年），由玄奘主持修建，其主要功能是存放玄奘西行取回的佛经。

大雁塔名字的由来虽众说纷纭，但大都与佛教、唐代僧人玄奘有关。其中有三种传说流传最广。有传说称佛祖曾化身大雁告诫人们不要杀生，人们因此修建大雁塔；也有传说认为，玄奘在西行取经过程中途经沙漠时曾因缺水喝而性命垂危，一群大雁带领他找到水源才幸免于难，于是玄奘取经返唐后修建大雁塔；另据《大唐西域记》，相传有雁投身摩伽陀国的塔中欲开悟小乘教徒，大雁塔或许据此而命名。

外来建筑艺术中国化的典范

西安大雁塔为砖仿木结构建筑，是我国现存最古老、建筑规模最大的楼阁式砖塔，平面呈四边形。

大雁塔在建造之初为五层，后加盖到九层。在此后多次的修缮中，塔高和层数几经变化，现存七层，是国家重点文物保护单位。

大雁塔塔基高 4.2 米，通高 64.7 米，塔身底层呈方锥形。全塔由塔基、塔身、塔刹三部分组成，塔下经雷达检测有空洞，推测为地宫，可能存放了玄奘西行带回的珍宝。

大雁塔是随着佛教文化的传入而兴建的佛教建筑，早期具有古印度佛教建筑特色（仿西域窣堵坡形制），后期充分融入了华夏文化和建筑智慧（演变为中原砖仿木阁楼式塔），见证了古印度佛教建筑艺术自传入至逐渐中国化的过程。

可以说，大雁塔是中国古代建筑艺术与古印度建筑艺术碰撞与交流的结晶，它的出现进一步丰富了中国古建筑体系，揭开了中国古建筑发展史的新篇章。

此外，"雁塔诗会"和"雁塔题名"是大雁塔最辉煌并名扬四海的寺塔文化。大雁塔自建成之后，无数帝王、官员、文人被它的建筑特色吸引而"到此一游"，并留下许多脍炙人口的佳句传诵千古。如唐高宗李治发出"寥廓烟云表，超然物外心"的感叹；唐代诗人岑参赞其"塔势如涌出，孤高耸天宫；登临出世界，磴道盘虚空"；唐代诗人白居易在高中进士后登塔抒怀，写下"慈恩塔下题名处，十七人中最少年"的诗句。

建筑艺术、佛教文化、文人诗词，赋予了大雁塔深厚的文化内涵，使得大雁塔具有其他寺塔所难以比拟的建筑价值和历史文化价值。

大雁塔远景

大雁塔近景

苏州虎丘云岩寺塔

　　云岩寺塔坐落于苏州虎丘山上，也称虎丘塔，有"先见虎丘塔，后见苏州城"之说。此塔始建于五代后周，建成于北宋，历史悠久。

　　云岩寺塔是江南早期仿木结构砖石塔的代表性建筑，共7层，高48.2米，是典型的阁楼式砖身木檐塔。

　　从建筑外观形态来看，云岩寺塔由塔基和塔身两部分组成。其建筑平面呈八角形，塔身建筑线条与轮廓优美，造型独特。

　　从内部建筑结构来看，塔身由外壁、回廊、塔心三部分组成，塔身、平座采用砖砌，外檐为砖木混合结构。外壁各层转角为圆柱形，上设斗拱以承托塔檐。外壁塔门内有回廊，廊内为塔心。塔心砖壁和外壁转角处设木骨，木骨藏于砖体内部。

　　云岩寺塔地基的填土北多南少，厚薄不一，天长日久地基不断沉降，现塔顶已严重偏离中心点，云岩寺塔也因此成为一座倾斜的塔。

有"世界第二斜塔"之称的云岩寺塔

北京妙应寺白塔

北京妙应寺白塔因塔身通体雪白而得名，有"金城玉塔"的美誉，相传由元世祖忽必烈亲自选址。白塔所在的妙应寺在各个朝代几经修缮，现在只有白塔仍为元代建筑。

妙应寺白塔不仅建造历史悠久，还极具文化意义，它是汉、满、蒙古民族团结友好的见证，也是中外友好交往的见证，是中国现存最早的藏传佛教佛塔。

妙应寺白塔为砖石结构建筑，其建筑形制为窣堵坡式，采用尼泊尔特有的覆钵式塔造型，全塔高 50.9 米，塔身形似宝葫芦。

妙应寺白塔由塔基、塔身和塔刹 3 部分组成。白塔的塔基高 2 米，为 T 形砖垒高台，塔基上砌基座连接塔身。白塔塔身的形状如同覆钵，俗称"宝瓶"。塔顶端覆直径 9.7 米的华盖，十分引人注目。华盖以木作底，上置铜板瓦，悬挂铜流苏和风铃，每每有风吹动，铜铃便随风飘摆，铃声悦耳动听。白塔的刹座为须弥座式，座上有十三重相轮，俗称"十三天"。

妙应寺白塔洁白如玉，气势恢宏，是建筑艺术、历史文化的集大成者。

妙应寺白塔

云南大理崇圣寺三塔

崇圣寺三塔位于大理古城西北，西对苍山，东濒洱海，南临桃溪，北临梅溪，是大理的标志性建筑物。三塔与秀丽的自然环境融为一体，令人心旷神怡。

崇圣寺三塔的建筑规模并不统一，由一个大塔和两个小塔组成。大塔名"千寻塔"，又名"文笔塔"，通高 69.13 米；南北侧两座小塔，通高 42.19 米。大小三塔鼎足而立，景象壮观。

崇圣寺三塔中的大塔（唐塔，南诏国修建），为典型的密檐式砖塔，内部为空心设计，建筑平面呈四边形。大塔的塔基用红黏土夯实，上铺鹅卵石，地基虽无桩孔，却结实稳固。大塔的塔身密檐共 16 层，每层檐下交错设置券洞、券龛。整座大塔庄严、大气、素雅。

崇圣寺三塔中的南北两座小塔（宋塔，大理国修建）同样为密檐式砖塔，内部为空心设计。小塔的建筑平面呈八角形，塔身塑砌莲花、斗棋平座，有龛、莲花座、倚柱、券洞等各种纷繁复杂的建筑设计与装饰，华丽精致，与大塔的简约大气有明显区别。

建筑对称美在大理崇圣寺三塔的建筑设计中得到了极致的体现。

首先，崇圣寺三塔中，大塔和小塔的塔身建筑平面自下而上逐渐缩小，建筑平面均为对称图形。塔基、塔身或塔刹，从纵向角度来看均呈对称分布。

其次，崇圣寺三塔鼎足而立，两小塔南北守卫大塔，呈对称分布。在漫长的历史中，三塔曾受多次地震侵袭，如今两小塔的塔身均倾斜靠近大塔，却仍呈对称之势，让人不得不感慨自然之妙。

最后，如果有幸能在崇圣寺的倒影池边游览崇圣寺三塔，则能发现崇圣寺三塔倒映在水中的绝妙画面：以水平面为界，水上三塔与水下三塔的倒影对称分布，蓝天白云点缀其间，妙不可言。

崇圣寺三塔的水中倩影

云南大理崇圣寺三塔

少林寺塔林

　　中国武术与中国嵩山少林寺享誉全世界，是中国文化的重要标签。嵩山少林寺塔林是我国最大的塔林，是中国建筑的特色。

　　少林寺塔林位于巍峨的嵩山脚下，是已故高僧的墓葬建筑，占地约1.4万平方米，现存唐至明清共计248座佛塔，不仅跨越时间长，建筑规模大、数量多，更融合了建筑、雕刻、书画艺术，是宝贵的世界文化遗产。

　　少林寺塔林被誉为"古塔艺术博物馆"。这里的砖塔有单层单檐塔，也有单层密檐塔，各塔工艺精美，大小不一，高低不同，形状各异，散列如林，颇为壮观。

少林寺塔林

第九章

园林：

妙极自然，宛自天开

"衔山抱水建来精，多少工夫筑始成。"中国古代园林历史悠久，意境深远，多姿多彩，具有深厚的历史人文内涵和极高的艺术欣赏价值，在世界三大园林体系中独树一帜，历来为中外建筑学界所称道。

　　北方的皇家园林规模宏大，技法超群，庄重典雅，富丽堂皇，皇室气派一览无遗；南方园林则大多精巧秀丽，别致雅观，与江南水乡旖旎的风光相得益彰。无论是北方皇家园林还是江南园林，都具有中国传统美学的特质与内蕴，是辉煌灿烂的五千年文明造就的艺术珍品。

颐和园

颐和园坐落于北京西郊，风景秀美，建筑风格精美绝伦，是一座规模宏大、保存完好的清代皇家行宫御苑。颐和园前身为清漪园，清代的建筑师们以杭州西湖风景为蓝本，在吸收古代高超造园技艺和艺术精华的基础上，耗费数年才建成这座当之无愧的"皇家园林博物馆"。

所谓"十里碧波画江南"，颐和园虽地处北方，却颇具南方园林的神韵，尤其以水景著称。碧波万顷的昆明湖占据了圆明园总体面积的四分之三，乘船游览昆明湖，两岸绿意盎然，水汽氤氲，给人一种身处江南水乡的错觉。大小3000余间房屋分布在园内各处，与周围环境融为一体。其中有殿、堂、廊、榭，有亭、台、楼、阁，亦有塔、舫、桥、关，不一而足。

按照不同的功能，颐和园建筑可分为两大部分，一部分以仁寿殿为主体，是慈禧太后和光绪皇帝办理政务、会见朝臣的地方；另一部分以玉澜堂、宜芸馆、乐寿堂为主体，是皇室贵胄生活居住之地。而昆明湖与万寿山则构成了全园的风景观览区，和园内建筑共同建构起这一山水园林的基本框架。

　　万寿山与昆明湖被一条长廊相连，它全长 700 多米，是中国园林中最长的游廊。廊上枋梁都绘有彩画，色彩鲜艳，绚丽堂皇，而廊上建筑则曲折多变、精妙绝伦，堪称颐和园中珍贵的艺术品之一。

　　万寿山上的建筑群以佛香阁为中心，依次向两翼展开，宛如众星拱月般紧凑和谐。从山脚望去，则是另一种格局。只见排云门、排云殿、德辉殿、智慧海等建筑依次排开，节节高升，气派不凡。山东侧有始建于乾隆时期的转轮藏，西侧则坐落着典型的重檐歇山顶建筑宝云阁，后山绿树丛

夕阳下的十七孔桥

中屹立着五彩琉璃多宝塔，幢幢建筑都各具特色，韵味十足。

尤其引人注目的是佛香阁。这座塔式宗教建筑立于高台之上，上下三层，八面四重檐，阁前匍匐着八字形台阶，阁内则以铁梨木巨柱支撑，结构复杂，是中国古代建筑中不可多得的精品，历来为人所称道。

昆明湖上一道长堤（西堤）和与其相连的短堤一起将湖面划分为几块水域，三座小岛（南湖岛、治镜阁岛、藻鉴堂岛）点缀其间，堤上景观与杭州西湖颇为神似。东岸为东堤，堤上建有知春亭、廓如亭等知名景点。著名的十七孔桥横跨南湖岛和廓如亭，巍峨壮观。

气派宏伟的佛香阁

北海公园

北海公园位于北京的中心，东边与故宫、景山公园相连，北边则紧邻什刹海。其初建于辽代，并于金世宗年间基本形成今日之格局；元、明、清时期都曾对其进行大规模扩建、修葺，尤其是清乾隆时期，前后施工30余年，才建成这座规模宏伟的"仙山琼阁"。

作为世界上建园最早的皇家御苑，北海公园保存完好，无论是园中景色还是建筑风格都很鲜明独特，令人印象深刻。它主要由三部分组成，即琼华岛、团城、北岸景区。整座公园的布局遵循的是中国传统的"一池三山"的园林设计模式，将自然界中的山川草木与园林艺术完美融合，创造出一幅秀美精致而又充满天然之趣的山水图卷。

琼华岛上苍松翠柏环绕，精美的建筑掩映其间。穿过层层石阶、条条小径，来到山顶，只见一座高大的白塔映入眼帘，塔身遍布风口，塔内则耸立着一根通天柱，从结构造型来看是典型的藏式建筑。

从山顶向下眺望，琼华岛南面以永安寺为主体，法轮殿、正觉殿、普

夏季的北海公园

安殿、钟鼓楼等建筑环绕周围，依次排布。这组建筑都是歇山顶，外墙普遍被饰以红色，屋顶则铺满各色琉璃瓦，在阳光下熠熠生辉，极其美观。西面山石嶙峋，悦心殿、庆霄楼、阅古楼等殿宇楼阁点缀其间。

岛东植被茂盛，树木成荫，建筑不多，最出名的是立于林木间的"琼岛春阴"石碑，碑上刻字为乾隆皇帝所书。北面山麓沿岸建筑的临水游廊蜿蜒环绕于琼华岛半山腰，只见山水交融，风景如画。

团城位于北海公园南门外西侧，是一座近圆形的城台，它既与北海整体紧密相连，又自成一体，形成一个独立园林。城上最具特色的建筑为承光殿，其为重檐歇山顶，飞檐翘角，造型别致，十分精美。

北海北岸景区也矗立着很多古建筑，其中，建于清乾隆时期的静心斋最引人注目。静心斋内叠石岩洞比比皆是，亭榭楼阁穿插其间，布局之精巧，风格之别致，令人赞叹，不愧为一座"园中之园"。建于明万历年间的五龙亭位于北岸西部，五亭错落布置，宛若游龙。

总体而言，北海公园既具有南方园林的秀气，又有着北方园林一贯的端重大气，是我国古代园林艺术的集大成之作，也是宝贵的人类文化遗产之一。

五龙亭临水而建，宛若游龙

北海公园建筑上的彩绘

承德避暑山庄

　　避暑山庄又名热河行宫，位于河北省承德市，是中国现存占地面积最大的古代皇家园林。其造园手法丰富多变，充分利用了当地群山环抱、清流萦绕的绝佳地理位置和环境，被赞为中国古典园林的最高范例。

　　避暑山庄于康熙在位时期开始建造，直至乾隆年间建造完成，前后花费九十余年。第一阶段的建造主要是开湖、筑岛、修堤。第二阶段才进行大范围扩建，著名的乾隆36景和外八庙就是在这个阶段完成的。

　　避暑山庄总体布局运用了传统的"前宫后苑"的手法，可分为宫殿区（位于山庄南部）与苑景区（位于山庄北部）两大部分。宫殿区包括正宫、松鹤斋、东宫、万壑松风四组建筑，严整疏朗，俨然是紫禁城的翻版与复刻。其主体建筑为正宫，有九进院落，按照"前朝后寝"的形制布局。

　　正宫以澹泊敬诚殿为中心。澹泊敬诚殿不饰彩绘，用名贵楠木建成。除澹泊敬诚殿外，正宫的其他建筑都坐落在较矮的石基上，屋顶不以皇家园林中常见的琉璃瓦装饰，只采用普通灰瓦，梁枋上也不作额外装饰，显

避暑山庄烟雨楼

得朴素典雅，给人以清凉畅快之感。

避暑山庄的苑景区包括大面积的湖泊、山岳和平原，风景秀丽，盛夏时凉爽宜人。湖泊区以大大小小的洲、屿为分隔线，湖面上的长桥、岸上的曲径纵横交错，极富层次感，各具特色的建筑则星星点点分散在湖岸。山庄72景中，有31景都在湖区，如澄波叠翠、无暑清凉、延薰山馆、如意湖、般若相、沧浪屿、烟雨楼等。

平原区地势平敞，现存建筑中以文津阁名气最大。文津阁坐北朝南，采取硬山式卷棚顶，阁顶覆以黑色琉璃瓦，是一栋庄重静雅的皇室藏经阁。作为外八庙之一的普乐寺矗立于山庄东北的平冈上，是藏式风格建筑。

华丽壮美的普乐寺

　　山岳区苍山积翠、峭壁耸立，康、乾时期曾在山区修建几十处楼宇、庙舍，保存下来的建筑却不多。出名的有锤峰落照、南山积雪、四面云山等，但这些建筑、景观都是后世重建的。

拙政园

拙政园位于江苏省苏州市，始建于1509年，是我国四大名园之一（其余三者分别为北京颐和园、承德避暑山庄、苏州留园）。它是明代御史王献臣告别官场回到家乡后，买下元大弘寺寺产，聘请"吴门泰斗"文徵明设计蓝图，集多位能工巧匠之心血、智慧耗时16年建造而成的。拙政园建成后，园内格局因园主多次更换而变换，现存园貌多为清代形成。

拙政园园景以水景为主，临水而筑的各种亭台轩榭都精致雅观，颇具古韵之美。园中建筑则稀疏错落，以花圃、竹林、果园等点缀其间，别有自然野趣。园林整体风格可用"疏朗平淡"四字来概括，借景造势颇具功力，人工雕琢的痕迹较少，园内著名的31景仿若自然形成，令人赞叹不已。

全园共分东、中、西三部分，另有苏州民居分布在西南。园内中部山明水秀，春夏时节花团锦簇，著名的建筑有远香堂、雪香云蔚亭、荷风四面亭、见山楼、小飞虹等。其中远香堂又名四面厅，是中部的主体建筑。远香堂面水而筑，单檐歇山顶，堂内四壁皆装有落地长窗，窗外风景与堂内装饰、摆设相映成趣。尤其是在盛夏时分，堂前水面荷叶田田，清香阵阵，远香堂也因此得名。

拙政园西部又名补园，园内建筑布局紧凑，主要有三十六鸳鸯馆、与

临水而筑的廊、轩

谁同坐轩、笠亭、留听阁、宜两亭、倒影楼等。其中，与谁同坐轩依水而建，其屋面、屋顶、门、窗，乃至轩内桌、凳都呈扇形，故又称扇亭。轩前荡漾着碧波，或临窗赏景，或倚栏远眺，都令人心旷神怡。

拙政园东部名归田园居，主要建筑有兰雪堂、缀云峰、芙蓉榭、天泉亭、秫香馆等，都为近代新建。

与谁同坐轩

留园

留园坐落在苏州市阊门外，既具有住宅功能，又是祠堂、家庵，同时又是融合了江南造园艺术和清代建园风格的知名园林。

留园的建园规模虽不如拙政园，但作为四大名园之一，整体精致丰富，以曲径通幽、暗香疏影之美闻名于世。园内景色秀丽，空间设计手法丰富多变，亭台、楼阁、长廊、小桥、假山等应有尽有，错落相连，色彩对比鲜明，令人印象深刻。

留园布局精巧，大体上可分为中、东、北、西四部分，不同区域间有蜿蜒的长廊相连。中部以山水之景见长，是园中精华之所在，池沼沿岸错落分布着山石、楼阁；东部的建筑与庭院较多，无论是厅、堂还是轩、斋都各具特色；北部多竹林、桃林、杏林等，一派田园风光；西部假山较多，虽是由人力叠山造景，却宛自天成。园中著名的建筑有涵碧山房、远翠阁、冠云楼等。

留园秋景

退思园

退思园位于苏州市同里古镇，建于清光绪年间。设计者根据江南水乡的地形特点，精心布置、巧妙安排，历时两年建成此园。

退思园占地面积五千多平方米，小巧雅致，风格自成一派。整体突破常规，横向布局，园内建筑大都临水而建，紧凑和谐，与周围环境融为一体，风光独特。退思园自西而东分别为宅、庭、园。宅分为外宅和内宅，内宅建有畹香楼，为封闭式院落，是园主及家人的生活起居之地。中庭环境清幽，建有坐春望月楼、岁寒居等知名建筑。后园的风景建筑是整个退思园中最精彩的部分。它以荷花池为中心，景石驳岸，石峰林立，荷花盛开时清香四溢。池北建有退思草堂，堂左边是览胜阁，右边是琴房，一条长廊将三者相连，直至水香榭。每一处建筑既自成一景，又与周围的建筑相辉映。

在江南园林中，退思园是极其特别的存在。作为小型园林，它设计独特，风光秀美，充满诗情画意，堪称中国古代园林中的一绝。

风光秀美的退思园

第十章

民居、
最是人间烟火情

"榆柳荫后檐，桃李罗堂前。暖暖远人村，依依墟里烟。"民居，自古就是人们的栖居之地，这里炊烟袅袅，这里最具温情。

中国民居，不仅充满烟火情，其建筑也别有一番风味。中国民居，或庄重大气，或朴实无华，或灵动优美，或规模宏大。它们历史悠久，特色鲜明，文化底蕴深厚，体现了劳动人民的智慧和高超的建筑工艺，也体现了中国各地的民俗风情，是我国古代建筑体系中不可或缺的一部分，宛如颜色不一、形态各异的花朵，娇艳地盛开在中国的大地上。

北京四合院

在北京，要问到哪里能找到老北京城的影子，看到老北京城的风貌，那还得到四合院。四合院，蕴含着丰富的历史文化底蕴，彰显着独树一帜的建筑艺术魅力，堪称中国古代民居建筑的典范，令无数人为之倾倒和赞叹。

庭院深深四合院

自明朝建都北京开始，四合院就与宫殿、街巷、胡同等一同出现在了北京城，并成为闻名中外的民居建筑。

四合院也叫"四合房"。其中的"四"代表的是四面，即东、南、西、北，"合"是聚合的意思。将四面的房子聚合在一起构成的房屋建筑就是四合院。可见，闻其名，就能知其貌。

　　四合院大多坐北朝南。整个院落一般由门、厅堂、寝室、厢房、二房等构成，主次有序。四面房子相互之间基本独立，布局方正，集中体现着"天圆地方"的中国古代哲学思想。

　　根据建造格局，四合院有单进四合院、二进四合院、三进四合院和四进以上的四合院。单进四合院最为简单，四面房屋围合，只有一个院子，其规模虽不大，但各项功能并不缺失。二进四合院要比单进四合院多一个院子，分为前院和后院，后院是生活起居的重要场所。三进四合院在二进四合院的基础上进行了扩大，院子分为前院、内院和后院，属于典型的四合院格局。院落与房屋建筑进一步扩大，就成了四进或四进以上的四

俯瞰北京四合院

合院。

总的来说，四合院布局规整，院落宽敞，一走进去，人们就有一种舒适敞亮的感觉。

细节之处尽显文化底蕴

整体看上去，北京四合院大气实用，貌似不注重细节。实际上，北京四合院的建造不仅注重细节装饰，而且处处彰显着中国传统文化底蕴。

房屋的脸面——大门。北京四合院的大门又叫"街门"，十分讲究方位，一般开在东南角。大门一般有广梁大门、如意门、小门楼之分，等级不同，形制也不相同，但装饰都十分精巧，象征着房屋主人的身份。说到这里，不得不提一下精致华丽的垂花门。垂花门可不是四合院的大门，而是分割内院与外院的门，俗称"二门"。

体形虽小但寓意颇丰的枕石——门墩儿。门墩儿是摆放在四合院大门两侧，起支撑门框、门轴作用的枕石。别看门墩儿不大，所承载的意义可不少。在古代，门墩儿是等级的象征，看门墩儿就能知道这户人家是普通百姓还是达官显贵。另外，门墩儿上雕刻的各类精美图案，寄托了美好的寓意。

与大门相呼应的墙壁——影壁。走进四合院的大门，首先看到的并不是宽敞的院落，而是设计精巧的影壁。影壁发挥着双重作用，一是遮挡视线，保护隐私；二是装饰宅门，寄托美好寓意。

北京四合院大门与门墩儿

西北窑洞

在黄土高原这片广袤的土地上，人们凭借自己的智慧创造了丰富的艺术。这里有充满热情的信天游，有民族风情浓郁的文学作品，还有形式独特、乡土气息浓郁的建筑——窑洞。作为黄土高原上一种特有的民居形式，窑洞承载着古老的黄土地文化，也反映着黄土地上特有的民俗风情。

黄土地上的守望者

窑洞是中国西北黄土高原上的特有产物，其最早可追溯至原始社会，历史源远流长。

中国西北黄土高原受风雨侵蚀和流水冲刷，地势起伏不平，沟壑纵横，但是黄土层深厚，而且土质密实。人们利用天然的优势并凭借智慧和

西北窑洞

高超的建造技艺，建造出适合居住的窑洞。窑洞冬暖夏凉，异常坚固，即便历经数百年，也不会轻易倒塌。

　　窑洞的顶部呈拱形，窑口一般用砖或土坯砌成，墙上开设窗户，用于采光。地面一般将土夯实，土上铺砖装饰。洞内一般设火炕，炕上摆放炕桌，用于进餐或会客。随着时间的推移，窑洞的形式也不断发生变化，但建造的理念是基本不变的。

　　窑洞看似简陋，实则需要高超的建造技艺才能建成，而且冬暖夏凉，非常适合西北地区的人们居住。

窑洞内部陈设

窑洞的几大类型

从外表来看，西北各窑洞外观相似，实则大有区别。根据建筑布局的不同，窑洞分为靠崖式窑洞、下沉式窑洞、独立式窑洞等。

靠崖式窑洞就是背靠土崖而建的窑洞，这类窑洞取材天然，依土丘顺势挖就，不仅省力省料，而且舒适牢固。

下沉式窑洞又称地坑式窑洞，是指在平地向下挖坑而建造的窑洞。这类窑洞呈正方形或长方形，一般三面建窑洞，一面作为出口。

靠崖式窑洞

　　独立式窑洞，从其名字就能看出，是一种独立存在的窑洞。其四面都不利用天然的土体，全部由人工砌造，既独立存在，又保留了窑洞的优点。

　　此外，根据建筑材料的不同，窑洞还有土窑、接口窑、石窑、砖窑之分，这里不再具体说明。

下沉式窑洞

陕西城堡式窑洞庄园——姜式庄园

安徽民居

无山无水不成居

　　安徽省位于我国华东长江三角洲地区，这里土地肥沃、气候湿润，非常适合生产、生活。伴随着人们的定居，民居建筑也在这里生根发芽，风格独特的徽派建筑就诞生在这里。

　　徽派建筑是安徽民居的重要代表，它在徽商文化的影响下自成体系，成为中国古代建筑的一个重要流派。

　　明朝中后期，徽商富甲一方，他们为光宗耀祖，在家乡大兴土木，因此，明清时期是安徽民居大规模修建、建筑风格日益凸显的时期。徽商大多"贾而好儒"，具有较高的文化修养。安徽民居颇具"山水自然"之风，民居建筑与山水相依，淡雅恬静，同时，讲究布局与装饰，建筑精致而不烦琐，别有一番特色。

马头墙、小青瓦，装点水墨古村落

　　马头墙是安徽民居的一大建筑特色。马头墙不仅造型独特，还具有非常实用的建筑功能和独特的人文内涵。

　　从建筑外观来看，马头墙比一般的墙体要高出许多，挺拔而起，给人以"一马当先、蓄势待发"的积极向上的感觉。远远看去，家家户户的马头墙高低起伏，又有"万马奔腾、百福降临"的动态美和美好寓意。从建筑实用功能来看，因马头墙比一般民居建筑高，当某家发生火灾后，它能起到良好的阻止火势蔓延的作用，因此也被叫作"封火墙"。

马头墙

安徽民居多采用小而精致的青瓦装饰墙头和屋顶，为建筑增加了些许灵动和沉静。

小青瓦精致小巧，置于马头墙之上，丝毫不会有厚重之感，反而起到了勾勒墙体线条、增加墙体灵动性的作用，构成安徽民居独特的建筑风格。同时，青瓦与白墙在色彩上形成鲜明对比，奠定了安徽民居建筑沉静淡雅的色彩基调。

此外，安徽民居中的建筑雕刻也堪称一绝，木雕、石雕、砖雕精妙地装饰在民居建筑中，成为安徽民居建筑中一道亮丽的风景。

安徽民居高脊飞檐、层楼叠院，形成了许多建筑风格鲜明的古村落。这些古村落依山傍水，自然成趣，如同中国水墨画卷一般具有"古、雅、美"的视觉美感。

呈坎古村

徽州呈坎古村落，是宋代大儒朱熹笔下的"江南第一村"，始建于三国时期，现存明清建筑数量多、种类多，有"呈坎民居甲天下"的美誉。呈坎按《易经》中的八卦风水理论选址布局，一步一景，处处有学问。

绩溪仁里曾是徽商商品集散的水陆码头，是绩溪县的商业重镇。这里的民居古建筑、古码头、古书院、古祠堂等建筑林立，不仅风光秀美，具有丰富的历史文化底蕴。

宏村位于安徽省黄山市黟县宏村镇。这里古水系丰富，民居建筑依水而建，村内古民居和祠堂等建筑保存完好，建筑风光与自然风光相得益彰，如诗如画。

仁里古村

宏村

宏村南湖画桥

福建土楼

独特的营造理念

福建土楼主要分布于福建省，是用土做墙建造而成的民居。其外形多样，有半圆形、圆形、四边形、五角形等多种样式。其中，圆形土楼最为特别，也称圆楼。

福建土楼建筑最初是用来防御外敌的。宋元时期，福建尚属偏远地区，常有盗匪出没，当地居民为了增加民居的防御功能而建造了土楼。土楼的外墙厚约 1.5 米，一、二层通常不设窗户，三层以上有大窗，人们可以通过楼上的大窗观察敌情、射击敌人。早期的土楼主要为了满足防御需求，规模较小，结构简单，装饰也比较粗糙。

到了明朝，当地的一些官员、富商开始重视民居的环境、质量，土楼的规模逐渐扩大，功能也更加齐全。

　　清朝以及民国时期，福建经济、文化发展，人口增多，大型土楼不断增多，甚至出现了可以容纳几百人的土楼，满足了当地宗亲聚族而居的需求。现存的土楼主要有龙岩市的永定土楼以及漳州市的南靖土楼、华安土楼、平和土楼等。

　　福建土楼的建筑平面以四边形和圆形为主，与中国古代"天圆地方"的观念相符。福建土楼选址时注重与周围的环境相融合，大多数土楼建在依山靠水的地方。建造土楼时大多因地制宜地选取建筑材料，使用当地的土和木材。以上这些都体现了古人对"天人合一"思想的追求，希望实现人与自然的和谐共处。

福建土楼

自然和谐的建筑风格

福建土楼是大型夯土木架结构，建筑材料有土、沙石、竹木，甚至包括红糖、糯米饭等，就地取材，形式多样。土楼外部没有过多的装饰，而是保留原材料的本色，给人以古朴自然之感。

福建土楼最具特色的是墙壁，整个墙壁上厚下薄，最厚的地方可达1.5米。建造时，以石块和灰浆为墙基，再用夹墙板夯筑墙壁，在土墙中间加入木条或竹片做墙骨，使墙体更加坚固。最后在墙体外部抹上一层石灰，防止风雨侵蚀。这样建成的墙壁坚固异常，不仅可以抵御外敌，也可以抵御风雨，经得住长年累月的使用。

福建土楼属于群居性建筑，在这里居住的通常是一个大家族。尽管如此，土楼的内部结构依然整齐有序，各部分功能明确。廊道贯穿全楼，楼内所有房间的门都朝向中心的天井，便于采光。这样的建筑形式也体现了家族成员之间的和谐、团结。

土楼内部建筑为对称结构，大门、厅、堂等主要建筑都在中轴线上，从大门进入，两边是院落，之后依次是门厅、前天井、中厅、内厅和后天井，其余各屋对称分布在中轴线的两侧，布局严谨。土楼中各家房屋的大小基本一致，门户之间联系紧密，多家使用一个楼梯。这样的设计可以拉进家族成员之间的距离，增强整个家族的亲密度。

圆形土楼因为形制特别，其内部格局也较为特殊。圆楼的中心一般为家族祠院，用以祭祀祖先和集会。祠堂的外围是祖堂，祖堂外是围廊，人住在最外侧的一环建筑里。

一些大型土楼会在屏门和梁柱上做雕刻，用来彰显土楼主人的身份、地位。土楼屏门主要有镂空雕刻和浮雕两种形式，雕刻内容多样，花鸟鱼虫、珍禽异兽等都有涉及。梁柱的雕刻图案多为鹤、狮、莲花等具有美好寓意的形象，有些图案还会用金镶边，更显雍容华贵。

　　无论是整体风格还是内部格局，福建土楼都体现着自然、和谐的建造理念，是当地历史、文化在建筑上的具体体现。福建古楼既有实用价值，又能够给人带来美好的审美体验，是福建建筑艺术的典范。

第十一章

古桥、

长虹千步，宛在水中

古桥作为中国古代建筑的重要组成部分，蕴藏着古代工匠在桥梁建筑上的独特智慧，特别是一些使用至今的古桥，对当代的桥梁建筑具有借鉴意义。

　　建于不同时期的古桥是特定时期的社会生产力水平、建筑工艺水平的集中体现，而且这些古桥建筑还保留着当时的文化发展特点，具有极高的历史文化价值。

河北赵州桥

赵州桥坐落于河北省石家庄市赵县城南约 2.5 千米处的洨河上，赵县古称赵州，赵州桥也因此而得名。宋朝时，哲宗为其取名安济桥，有"安渡济民"之意。

赵州桥始建于隋朝，由著名匠师李春组织修建，至今已经有 1400 多年历史了。在漫长的岁月中，赵州桥经历了多次水灾、战乱都不曾被摧毁。

赵州桥是世界上现存最早、跨度最大、保存最完整的单孔坦弧敞肩石拱桥，桥长约 64 米，主拱跨径约 37 米，拱高约 7 米。

所谓"敞肩石拱"，就是在大拱的肩上各设置两个对称的小拱，较大的拱净跨度为 3.8 米，较小的拱净跨度为 2.8 米。这样设计既增加了桥的泄洪能力，减轻了汛期水流对桥的冲击，也节省了建筑材料，减轻了桥本身的重量，从而减轻了桥身对桥基的压迫，增加了桥的稳固性。

敞肩石拱的设计符合结构力学原理，可以减轻主拱圈的变形，延长桥的使用年限。从审美角度来说，四个小拱在大拱上对称分布，使整座桥看起来轻盈和谐。

在我国古代的拱桥建筑中，石拱大多为半圆形。然而半圆形石拱并不适用于跨度过大的洨河，因为跨度越大，桥面越陡，这样不仅施工难度大，且不便于行人通行。赵州桥采用了圆弧拱形的设计，避免了因为河面过宽而使拱桥桥面高度不断提升的问题，使桥面平稳过渡，便于通行。

一般来说，多孔式的建筑设计可以使桥的坡度变小，建桥工作也更容易，但多孔建筑需要的桥墩较多，不便于行船，也不利于泄洪。赵州桥在修建时采取单孔长跨的建筑形式，不仅增加了石桥的泄洪能力，也能减少河水对桥墩的冲击，桥的安全性也提高了。这是我国桥梁建造史上的创举。

河北赵州桥

赵州桥在建桥时采用的是纵向并列砌置法。整个大桥由 28 道各自独立的拱券并列组合在一起，每道券都是一个单独的整体，可以独立堆砌。每完成一道拱券时，只需要移动支架，就可以砌下一道拱券了。使用这样的建造方法，既便于修建，也方便维修，若是有石块被损毁了，只需要将其换成新石就可以了，而不用对整座桥进行维修。

"上窄下宽，略有收分"是赵州桥拱券组合的特殊方法。每个拱券都向里倾斜，互相靠拢，避免了拱石向外倾斜而造成桥梁倒塌的情况发生。从桥的两端到桥顶，逐渐收缩桥的宽度，增加桥的稳定性。

赵州桥独特的建筑设计、如弯月一般的外形使其自古以来就广受赞誉。明朝诗人祝万祉曾写诗形容赵州桥"百尺高虹横水面，一弯新月出云霄"，恰到好处地写出了赵州桥别具一格的美。

北京卢沟桥

卢沟桥，又称芦沟桥，因建于卢沟河（永定河）上而得名，位于北京市丰台区永定河上，是北京市现存最古老的石造联拱桥。

卢沟桥始建于金大定二十九年（1189 年），明清时期对其进行了多次修缮。

晨光熹微、月光尚在之时，整个卢沟桥笼罩在微光之中，光影和谐，前人谓之"卢沟晓月"，金章宗年间就被列为"燕京八景"之一。1689年，清康熙帝下令在卢沟桥桥西立碑，记述重修卢沟桥之事。乾隆帝则下旨在桥东立碑修亭，并将其手书的"卢沟晓月"四字刻于碑上。

1937 年 7 月 7 日，日本在卢沟桥发动全面侵华战争，史称"七七事变"。中国军民奋起抗击，中国全面抗战的序幕由此拉开。

无论是作为中国古代的著名拱桥还是全民族抗战的爆发地，卢沟桥都有重要的研究价值和纪念意义。

卢沟桥全长约 266 米，桥面宽约 7 米。卢沟桥桥面呈弧形，两端较

卢沟桥

低，中间隆起。桥墩、拱券、栏杆等是用石英砂岩和大理石砌成的，桥面是用花岗岩的巨型条石铺成的。桥下的河床上铺设了几米厚的鹅卵石和石英岩，使整个桥体更加稳固。

在修建卢沟桥的拱券时，采用纵联式实腹砌筑法，将 11 个拱券连成一个整体，拱券石块之间用铁件等连接，桥墩内部也有连接。

卢沟桥共有桥墩 10 座，桥墩平面呈平底船形，桥墩的迎水面设有分水尖，用以减轻流水的冲击。在分水尖上盖有六层分水石板，从下至上依次收进，既能够保障分水尖的稳定性，又能平衡桥墩承载的压力。桥墩的南面是流线型的，形状与船尾相似，便于分散水流。

桥面的大理石护栏由望柱和栏板交替组成，望柱有 281 根，栏板有 279 块，望柱和栏板上刻有精美的花卉图案，每根柱子的柱头上都刻有石狮子，共 281 个。大狮子身上又刻着小狮子，顶栏、华表上也有狮子的雕刻。

卢沟桥的石狮子

泉州洛阳桥

洛阳桥位于福建省泉州市洛阳江入海口处，是著名的跨海梁架式大石桥，有"海内第一桥"之美誉。

宋皇祐五年（1053 年），泉州太守蔡襄组织修建洛阳桥，从开始修建到建成，共耗时 6 年。在洛阳桥修建之前，泉州人想要北上福州需要翻山越岭，因为洛阳江水流湍急，乘船渡江十分危险。洛阳桥建成后，改变了当地人的出行方式，使泉州的对外交通更加便利。

1932 年，民国政府将洛阳桥改建为钢筋混凝土桥面，该桥在 1938 年被日军飞机炸毁。1993 年，中华人民共和国国家文物局组织专家勘察古桥，并对其进行了全面修建，恢复古桥旧貌。现洛阳桥由坚固的花岗岩筑成，桥梁全长 834 米，宽 7 米，有桥墩 45 座。

洛阳桥建桥时无坚实的基岩依托，于是工匠们采取了"筏型基础"的建桥方法，先在江底抛掷石块，形成矮堤，再用条石交错堆砌形成船形的桥墩，用以减轻水流对桥的冲击。

泉州洛阳桥

桥墩的两侧建有扶拦，用以保护行人，扶拦上有石雕。桥的两端有石塔，塔身有浮雕佛像。

洛阳江内盛产牡蛎，工匠将牡蛎养在洛阳桥边，牡蛎附着在石块上，起到了加固基石和桥墩的作用。这是世界上较早的把生物学知识应用于桥梁工程的案例。如今，我们仍然可以在洛阳桥桥墩的缝隙中看到牡蛎存在过的痕迹。这一创举在当时很受欢迎，也为当时中国的桥梁建造工程提供了可借鉴的范例。

潮州广济桥

广济桥位于广东省潮州市，横跨韩江，构建复杂，具有梁桥、浮桥、拱桥的建筑特点，被茅以升先生评价为"世界上最早的启闭式桥梁"。

广济桥建于南宋乾道六年（1170 年）。广济桥初建时桥梁是木质的，元朝时将木梁改为石梁。明嘉靖年间曾对其进行重修，形成了"十八梭船廿四洲"的格局。2003 年，桥梁建造专家按照明朝广济桥的样子对其进行了全面修复。

广济桥全长 518 米，为浮梁结合的结构，东西两段是石梁桥，中间一段为浮桥。梁桥由桥墩、石梁、桥亭三部分组成，东部的梁桥有桥墩 12 个，西部的有桥墩 8 个。

由于潮州地处东南沿海地区，夏季常受台风影响。为了增加桥的稳固性，广济桥的桥墩全部由大青麻石条叠合而成，采用的是卯榫结构，使整个桥梁更加坚固。

由于跨度较大，广济桥的两侧桥墩设置较多，两墩之间的间距很小，这也使广济桥的排水能力受到了限制。为了解决这一问题，广济桥桥梁中部采用了浮梁结合的结构，尽可能地减少桥墩数量，减少桥梁对水流的阻力，提高桥的排洪能力。浮桥由 18 只木船横向排列而成，船中央铺设木板作为桥面。浮桥两端用铁链固定在梁桥的石墩上，石墩旁修有石阶以供行人上下。

广济桥夜景

广济桥上原建桥屋，可以为过桥的行人遮风避雨，也可以让桥身少受风雨侵蚀，增加桥梁的寿命。2003 年维修时，将桥屋改为了桥亭，便于排水通风，减轻台风对桥的损毁。

广济桥的装饰简单大气，桥梁的栏杆、望柱上有石雕，雕刻花纹多为如意纹、祥云纹等古朴的纹饰，喻示平安吉祥。

广济桥上的桥亭

扬州五亭桥

五亭桥又名莲花桥，坐落于江苏省扬州市的瘦西湖上，也是扬州市的地标性建筑。

五亭桥建于清乾隆二十二年（1757年）。1859年，五亭桥毁于战火，民国时期重新修建。1990年，五亭桥的桥亭再次重修。

五亭桥是仿北京的五龙亭和十七孔桥而建的，上建五亭，下列四翼，从正面望去，水面上形成了五个大小不一的半圆孔洞，趣味横生。

五亭桥全长约57米，为青石砌筑，桥身由大小不一的桥拱组成。中心桥孔最大，呈大的半圆形。两边有十二桥孔，分布在桥础三面。

桥亭为黄瓦红柱，雕梁画栋，亭内有彩绘藻井。亭与亭之间有短廊相连，使五个桥亭形成一个整体。最中间的桥亭最高，为重檐四角，其余桥亭则为单檐。

五亭桥将桥的雄壮与亭的秀丽结合在了一起，刚柔并济，也是园林艺术和桥梁建造的完美结合，既有实用性能又具有观赏价值，是我国古代桥梁设计的典范。

扬州五亭桥

参考文献

[1]《亲历者》编辑部.寻找中国最美古建筑：山西 [M].北京：中国铁道出版社，2017.

[2] 陈璞.长城的关隘 [M].长春：北方妇女儿童出版社，2017.

[3] 郭艳红.穿越古今的古桥古道 [M].北京：现代出版社，2018.

[4] 韩欣.中国古代建筑艺术 [M].北京：研究出版社，2009.

[5] 李奎.石窟：石窟雕塑奇观 [M].汕头：汕头大学出版社，2017.

[6] 李少林.中华民俗文化：中华民居 [M].呼和浩特：内蒙古人民出版社，2006.

[7] 李乡状.文艺经典荟萃：中国古代建筑欣赏 [M].长春：吉林音像出版社，2006.

[8] 楼庆西.极简中国古代建筑史 [M].北京：人民美术出版社，2017.

[9] 楼庆西.中国古代建筑 [M].北京：商务印书馆，1997.

[10] 木菁.中国古代建筑艺术美 [M].乌鲁木齐：新疆美术摄影出版社，2014.

[11] 宋其加.解读中国古代建筑 [M].广州：华南理工大学出版社，2009.

[12] 唐鸣镝，黄震宇，潘晓岚.中国古代建筑与园林 [M].北京：旅游教育出版社，2003.

[13] 滕明道.中国古代建筑 [M].北京：中国青年出版社，1985.

[14] 铁玉钦，沈长吉.沈阳故宫 [M].沈阳：辽宁人民出版社，1985.

[15] 肖瑶，田静.中国古代建筑全集 [M].北京：西苑出版社，2010.

[16] 曾明.中国传统民居建筑与装饰研究 [M].北京：中国纺织出版社，2020.

[17] 周乾.图说中国古建筑：故宫 [M].济南：山东美术出版社，2018.

[18] 程安东，朱铁臻.中国城市百科全书 [M].北京：当代中国出版社，2017.

[19] 黄丽.中国旅游文化 [M].武汉：华中科技大学出版社，2018.

[20] 金晶.图说中国 100 处著名建筑 [M].长春：时代文艺出版社，2012.

[21] 李波.建筑文化大讲堂：上卷，中国古代建筑 [M].呼和浩特：内蒙古大学出版社，2009.

[22] 李洪波，赵艺.北京名胜文化 [M].北京：中国人民大学出版社，2017.

[23] 李明达.中国游记 [M].沈阳：沈阳出版社，2019.

[24] 李慕南.建筑艺术 [M].开封：河南大学出版社，2005.

[25] 林东.中国旅游地理 [M].厦门：厦门大学出版社，2011.

[26] 娄宇.中外建筑史 [M].武汉：武汉理工大学出版社，2010.

[27] 吕明伟.中国园林 [M].北京：当代中国出版社，2008.

[28] 裴凤琴.中国旅游地理 [M].成都：西南财经大学出版社，2011.

[29] 鲁睿，孙奎利，都红玉.中国桥：建筑画选录 [M].彭军，主编.
北京：中国建筑工业出版社，2013.

[30] 王渝生，张邻.建筑史话 [M].上海：上海科学技术文献出版
社，2019.

[31] 王玉德，傅玥.宫殿 [M].长春：长春出版社，2016.

[32] 夏文杰.中国传统文化与传统建筑 [M].北京：北京工业大学出
版社，2018.

[33] 徐潜，张克，崔博华.中国古桥名塔 [M].长春：吉林文史出版
社，2014.

[34] 杨永生.中国古建筑之旅 [M].北京：中国建筑工业出版社，
2003.

[35] 悦读坊.宝贵的文化遗产：全 2 册 [M].武汉：湖北科学技术出
版社，2015.

[36] 张卫星.礼仪与秩序：秦始皇帝陵研究 [M].北京：科学出版
社，2016.

[37] 张晓玮，李晓鲁.中外美术发展简史 [M].北京：北京理工大学
出版社，2018.

[38] 张义忠，赵全儒.中国古代建筑艺术鉴赏 [M].北京：中国电力
出版社，2012.

[39] 白宁霞.探究永乐宫壁画的线条艺术 [J].工艺与技术，2016（12）.

[40] 曹荣.布达拉宫建筑特点与传统宗教的相互影响 [J].兰台世界
（下旬），2014（9）.

[41] 陈饶.以河北正定隆兴寺为例谈佛堂建筑设计特点 [J].山西建筑，2011（10）.

[42] 崔为工."河北四宝"之隆兴寺 [J].建筑，2016（5）.

[43] 段修业，汪万福，格桑，等.西藏萨迦寺壁画保护修复研究 [J].中国藏学，2010（1）.

[44] 范明雷.沈阳故宫建筑技术特点及其文化探析 [D].沈阳：东北大学，2014.

[45] 格桑.古老的萨迦寺：第二敦煌 [J].中国文化遗产，2009（6）.

[46] 何丽.浅谈中国古代宫殿建筑紫禁城的色彩学 [J].山西建筑，2005（22）.

[47] 剧冬甲.正定隆兴寺建筑及装饰特色 [D].石家庄：河北科技大学，2015.

[48] 李声能.沈阳故宫的营建与空间布局特色分析 [J].中国文化遗产，2016（5）.

[49] 李文儒.故宫有多少种颜色？[J].看历史，2017（10）.

[50] 刘忠红."大壮"与"适形"的和谐：中国古代宫殿建筑的审美追求 [J].郑州大学学报（哲学社会科学版），2005（5）.

[51] 倪文东.河北正定隆兴寺简介 [J].江苏教育，2019（61）.

[52] 牛德胜.平遥古城建筑特色及影响 [J].今传媒，2017（7）.

[53] 沈芳.西安中国现存最大古城墙 [J].旅游，2018（5）.

[54] 王静宇.承德避暑山庄古典皇家园林的景观拓展与意境研究 [D].咸阳：西北农林科技大学，2013.

[55] 王新生.试论晋祠水镜台建筑形制和装饰特色 [J].中国文化遗产，2019（1）.

[56] 王英杰.沈阳故宫：中国现存的两座帝王宫殿之一 [J].中国房地信息，2000（8）.

[57] 吴华.佛光寺东大殿，千年不泯的文化瑰宝 [J].工会信息，2020（12）.

[58] 吴小中.向西！仰望布达拉宫：布达拉宫建筑艺术 [J].美与时代，2003（3）.

[59] 夏博锐，王晓.湖北武当山及其太和宫空间总体划分疑论 [J].华中建筑，2014（8）.

[60] 刘春明.京畿藩屏娘子关 [J].文史月刊，2006（1）.

[61] 刘韵.平遥古城 [J].半月选读，2019（21）.

[62] 邱霓.浅析中国古代帝陵建筑特点 [J].江西教育学院学报，2013（6）.

[63] 涂文学.论邑制城市传统对中国城市基本格局的影响 [J].江汉学术，2022（1）.

[64] 汪玚.历史上的那些古桥 [J].交通建设与管理，2019（5）.

[65] 吴痕.世界著名的"夏宫" [J].华人世界，2009（8）.

[66] 严平.对北京故宫建筑布局的文化理解 [J].科技情报开发与经济，2003（7）.

[67] 张剑葳.武当山太和宫金殿：从建筑、像设、影响论其突出的价值 [J].文物，2015（2）.

[68] 张婧婍.承德避暑山庄山水地形与空间构建的分析 [D].北京：北京林业大学，2014.

[69] 张荣，雷娴，王麒，等.佛光寺东大殿建置沿革研究 [J].建筑史，2018（1）.

[70] 张荣.东大殿文物建筑勘察研究 [J].古建园林技术，2010（3）.

[71] 张育英.布达拉宫建筑的魅力 [J].华夏文化，2000（01）.

[72] 周乾.故宫抗震是如何炼成的 [J].时事（时事报告初中生版），2017（2）.

[73] 朱柯羽.五台山佛光寺空间形态研究 [D].太原：太原理工大学，2016.

[74] 朱一丁.布达拉宫的建筑艺术 [J].山西建筑，2014（30）.

[75] 于灏，谢枫.从天龙山碑文看天龙山石窟艺术的历史沿革 [J].文物世界，2012（2）.

[76] 张语芊.浅谈甘肃省石窟的分布与基本特点 [J].大众文艺，2015（9）.